核电厂维修人员专业技能培训教材

电机检修

中核核电运行管理有限公司　组织编写

中国原子能出版社

图书在版编目（CIP）数据

核电厂维修人员专业技能培训教材. 电机检修 / 中核核电运行管理有限公司组织编写. 一北京：中国原子能出版社，2020.11（2024.7 重印）

ISBN 978-7-5221-0949-7

Ⅰ. ①核… Ⅱ. ①中… Ⅲ. ①核电厂-电机-设备检修-技术培训-教材 Ⅳ. ①TM623.7

中国版本图书馆 CIP 数据核字（2020）第 192099 号

核电厂维修人员专业技能培训教材　电机检修

出版发行 中国原子能出版社（北京市海淀区阜成路 43 号　100048）
责任编辑 刘东鹏
装帧设计 赵　杰
责任校对 冯莲凤
责任印制 赵　明
印　　刷 中煤（北京）印务有限公司
经　　销 全国新华书店
开　　本 787 mm×1092 mm　1/16
印　　张 7.75
字　　数 194 千字
版　　次 2020 年 11 月第 1 版　2024 年 7 月第 2 次印刷
书　　号 ISBN 978-7-5221-0949-7　　**定　价　56.00 元**

网址：http://www.aep.com.cn　　**E-mail：atomep123@126.com**
发行电话：010-88828678

核电厂维修人员专业技能培训教材

电机检修

编审委员会

主　任	邹正宇			
副主任	朱晓斌	刘崇都	吴炳泉	董军成
委　员	王孔钊	王晓波	方幼君	卢才华
	叶丹萌	朱　磊	孙国忠	李厚文
	吴小海	吴明亮	邹俊磊	张世敏
	周瑞东	郑建华	费志松	徐宏明
	盛建华	韩光辉	蒲晓彬	樊鹏飞
编　者	王　波	岳新晖	赵　磊	程爱斌
	薛吉伟			
审　者	卫毓卿	方幼君	卢才华	余前军
	金国强	贾小强		

出版前言

为保障入职一年以上的核反应堆维修员工获得应对正常工况和紧急情况所需的工作技能和技术水平,中核核电运行管理有限公司维修领域各处室和综合培训处在完成维修专业技能培训科目编制和教学实施工作的基础上,继续推动了《维修专业技能培训教材》电机检修合订本的出版工作。

《维修专业技能培训教材》电机检修合订本中所有科目于 2015 年编制完成。2016 年开始面向维修领域入职一年以上的员工进行教学实施,并纳入中核核电运行管理有限公司各维修处室的岗位培训清单。《维修专业技能培训教材》电机检修合订本的所属科目对维修领域的员工技能培训工作中起到了“提高维修技能水平、保障机组安全生产”的作用。为了更好发挥维修专业技能培训教材的作用,配合核电厂维修领域工作的顺利有序开展,便于培训部门有效地组织培训,正确引导学员通过培训、学习,提高自身素质和能力,中核核电运行管理有限公司综合培训处组织印刷出版《维修专业技能培训教材》电机检修合订本。

《维修专业技能培训教材》电机检修合订本内容紧扣维修领域入职一年后的员工所迫切需要掌握的维修相关技能;通过对核电厂共性专业设备中电机检修知识学习和基本操作技能演练,正确辨识相关参数,通过对核电厂共性电机检修基本操作演练,正确认识岗位上专业维修设备电机检修的基本操作方法,进而提升核电厂维修人员对电机检修进行规范操作的能力。

《维修专业技能培训教材》电机检修合订本包含 4 个部分。其中第一部分 低压三相交流异步电动机维修专业技能培训由岳新晖负责编写,第二部分 小型三相异步电动机机械基础知识专业技能培训由程爱斌负责编写,第三部分 低压三相异步电动机轴承专业技能培训、第四部分 低压三相异步电动机润滑专业技能培训由赵磊负责编写。内容涵盖核电厂共性专业设备中电机检修的理论知识和基本操作技能。

《维修专业技能培训教材》电机检修合订本的编制出版,凝聚着编、审、校、排、印及组织管理人员的大量辛勤劳动和心血,同时得到了中核核电运行管理有限公司等相关单位的大力支持和热情帮助,在此表示深深地谢意!

《维修专业技能培训教材》电机检修合订本中如有不妥之处,恳请批评指正。

中核核电运行管理有限公司

目　　录

第一部分　低压三相交流异步电动机维修

第二部分 小型三相异步电动机机械基础知识

第三部分 低压三相异步电动机轴承

第四部分 低压三相异步电动机润滑

第一部分　低压三相交流异步电动机维修

第一章　操作准备

1.1　概述

本教程适用于维修领域电机检修一解体检修工作。

1.2　低压三相交流异步电动机的工作原理

根据电磁学的知识，在旋转磁场里，闭合导体会因发生电磁感应而成为通电导体，进而又受到电磁扭矩作用而顺着磁场旋转方向转动。

三相交流异步电动机的三相定子绕组（各相差 120° 电角度），通入三相交流电后，将产生一个旋转磁场，该旋转磁场切割转子绕组，从而在转子绕组中产生感应电流（转子绕组是闭合通路），载流的转子导体在定子旋转磁场作用下将产生电磁力，从而在电机转轴上形成电磁转矩，驱动电动机旋转，并且电机旋转方向与旋转磁场方向相同。旋转磁场的旋转方向决定于通入定子绕组中的三相交流电源的相序。只要任意调换电动机两相绕组所接交流电源的相序，旋转磁场即反转。

旋转磁场的转速 n_1 与三相交流异步电动机的转子转速 n 不同步，即 $n_1 \neq n$ 且 $n < n_1$，因为只有这样，转子绕组与旋转磁场之间才会有相对运动而切割磁力线，转子绕组导体中才能产生感应电动势和电流，从而产生电磁转矩，是转子按照旋转磁场的方向持续旋转。由此可见 $n_1 \neq n$，且 $n < n_1$，是异步电动机工作的必要条件，“异步”的名称由此而来。

1.3　电动机的结构

三相交流异步电动机的种类很多，但各类三相交流异步电动机的基本结构式相同的，它们都是由定子（固定部分）和转子（转动部分）这两大基本部分组成，在定子和转子之间有一定的气隙。此外，还有端盖、轴承、风扇和接线盒等其他附件，如图 1-1 所示是三相鼠笼式异步电动机的基本结构。

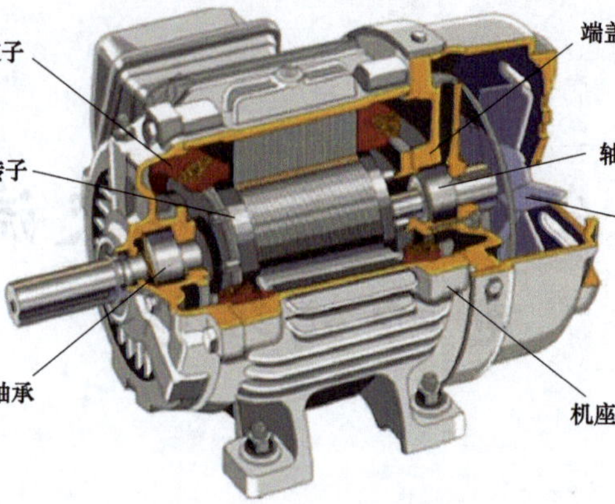

图 1-1 三相鼠笼式异步电动机的基本结构

低压三相交流异步电动机的结构有两种:一种是转子为鼠笼式电动机,具有起动扭矩小、起动电流较大、结构简单、成本降低、维修方便的特点。另一种是转子为绕线式电动机,又称滑环式异步电动机,其起动扭矩较大、起动电流较小、但这种电动机制造成本较高,维修也较困难,因此在一般场合采用较少。本教材主要介绍的是鼠笼式电动机的解体检修工作。

1.4 电机检修常用材料

1) 漆包线:漆包线是一种外表有绝缘层的铜导线,是电动机产生磁场的核心元件。根据电动机的功率大小不同,漆包线有不同的规格,漆包线根据用途的不同又分为圆形和扁形两种,漆包线除用在电动机中,还可用在其他电器设备中。

漆包线的外层有一层绝缘漆,经烤干后形成一层薄漆膜,此漆膜的厚度根据漆包线的规格而定,即漆包线越粗时,漆膜越厚;漆包线越细时,漆膜越薄。良好的漆包线漆膜因均匀、光滑。除漆包线外,根据使用的用途不同,如大型高压电动机、电焊机等采用纱包线,此种导线的外表用玻璃丝及合成树脂薄膜等绕在导线外层经浸漆处理,来提高电气性能,使导线能承受高电压大电流。

2) 电缆线:电动机所用的电缆线主要用于绕组的引出连接线,一端与线圈相接,另一端与电动机接线盒接线柱相接。此种电缆由线芯、绝缘层、防护层组成,它具有耐高压、耐高温、耐油性及过载能力强等特性,此种电缆的选择要根据电动机功率大小来决定。

3) 绝缘漆:绝缘漆在电动机中主要用来帮助漆包线散热、提高绕组的防潮性能、介电强度及提高绕组的机械强度,防止电动机在运转时线圈受到振动而变形。

表 1-1 电动机的绝缘等级和最高允许温度(环境温度为 40 ℃)

绝缘等级	Y	A	E	B	F	H	C
最高允许温度/℃	90	105	120	130	155	180	>180

4) 腊管:腊管即漆管(一般用玻璃丝管,管外浸入绝缘漆)。它主要用于电动机导线之间连接头的绝缘,防止接头之间相互短路或与导线其他部分短路及电动机外壳之间短路。

腊管根据导线的规格型号选用。

5）绝缘纸：绝缘纸主要用于电动机线圈的槽绝缘及相间绝缘，防止电动机绕组接地或相间击穿短路。绝缘纸的选用要按照电动机的绝缘等级决定。

6）润滑脂：润滑脂主要用于电动机轴承润滑，增加轴承的使用寿命。详见（轴承、润滑）教材。

1.5　电机检修常用工具

1.5.1　双臂电桥

（1）QJ44 型双臂电桥使用方法

1）先装好所需电池，注意+、-极性；

2）接被测电阻 R_x 时，电压端钮 P1、P2 靠近被测电阻内侧，电流端钮 C1、C2 在外侧靠近 P1、P2，接线要牢固以减小接触电阻；

3）将电源开关 11 拨向“通”的一边接通电源，将灵敏度旋钮 4 旋到较大的灵敏度位置；

4）调整调零旋钮 2，使检流计 3 的指针指在零位；

5）估计被测电阻值，用倍率旋钮 9 选择倍率，可参考图 1.2；QJ44 型双臂电桥（倍率）与测量范围对应表选择；

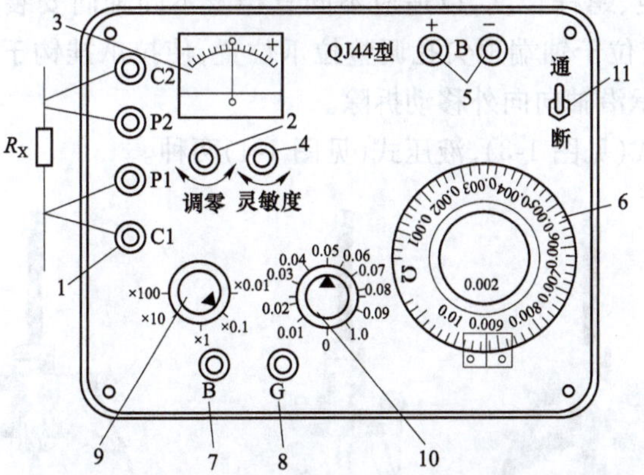

图 1-2　双臂电桥 QJ44 型面板

1—外接引线端子；2—调零旋钮；3—检流计；4—检流计灵敏度旋钮；

5—外接电源端子；6—小数值拨盘；7—电源按钮（B）；8—检流计按钮（G）；

9—倍率旋钮；10—大数旋钮；11—电源开关

6）先按下电源按钮B，再按下检流计按钮G，先调大数旋钮10，然后再细调大转盘上的小数值6，一直调完。适当增加灵敏度，然后观察检流计指针偏转。若检流计指针朝“+”方向偏转，应减小读数盘读数；若检流计指针朝“-”方向偏转，应增大读数盘读数，使检流计指针指零。再增加灵敏度，调读数盘读数，使检流计指针指零。如此反复调节，直至检流计指针指零；

7）计算电阻值：被测电阻值=倍率数×读数盘读数；

8）测量完毕，先断开检流计按钮G，再断开电源端钮B，然后拆除被测电阻，最后锁上检流计锁扣。

（2）注意事项

1）由于直流双臂电桥在工作时电流较大，要求上述操作动作要迅速，以免电池耗电量过大；

2）被测电阻含有电感时，应先锁住电源按钮B，间歇按检流计按钮G；

3）被测电阻不含电感时，应先锁住检流计按钮G，间歇按电源按钮B；

4）电桥保养。

每次测量结束，都应将盒盖盖好，存放于干燥、避光、无振动的场合。

提示：搬动电桥时应小心，做到轻拿轻放，否则易使检流计损坏。

表1-2 QJ44型双臂电桥（倍率）与测量范围对应表

被测电阻范围/Ω	1~11	0.1~1.1	0.01~0.11	0.001~0.011	0.000 11~0.001 1
应选倍率	100	10	1	0.1	0.01

1.5.2 拉马

拉马是电动机维修中经常使用的工具。主要用来将电动机侧联轴器或损坏的轴承从轴上沿轴向拆卸下来。机械式拉马主要由旋柄、螺旋杆和拉爪构成。有两爪、三爪，主要尺寸为拉爪长度，拉爪间距、螺杆长度，以适应不同直径及不同轴向安装深度的联轴器或轴承。使用时，将螺杆顶尖定位于轴端顶尖孔调整拉爪位置，使拉爪挂钩于联轴器或轴承外环，旋转旋柄使拉爪带动轴承沿轴向向外移动拆除。

拉马可分为机械式(见图1-3)、液压式(见图1-4)两种。

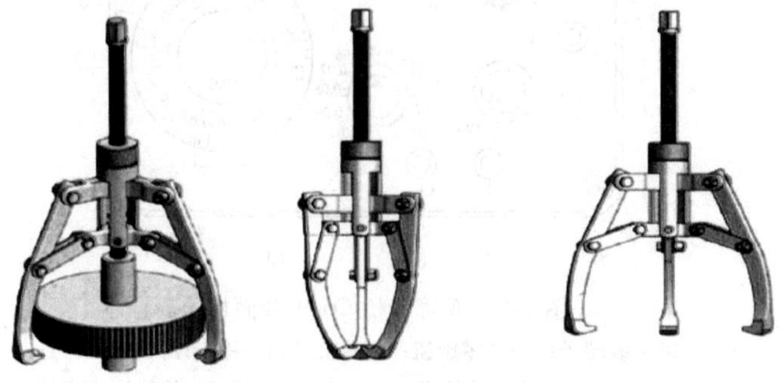

图1-3 机械式拉马

液压拉马是以油压起动杆直接前进移动，故推动杆本身不做转动。钩爪座可随螺纹直接做前进后退之调距，操作时只要把手前后小幅度摆动，油压起动杆前移，钩爪相对应后退，所被拉物体拉出。

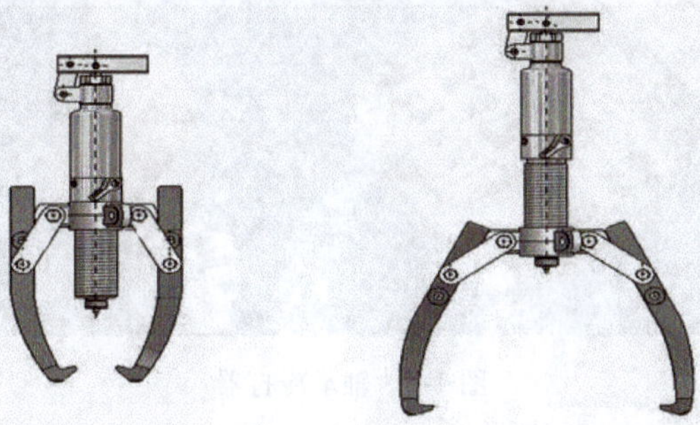

图 1-4　液压拉马

1.5.3　轴承加热器

轴承加热器利用金属在交变磁场中产生涡流而使轴承本身发热，使轴承很快升温膨胀达到过盈装配要求。轴承加热温度一般控制在 90～100 ℃。使用轴承加热器加热轴承时，要戴隔热手套，以防止加热的轴承烫伤工作人员。轴承加热器可分为便携式（见图 1-5）和台式（见图 1-6）两种。

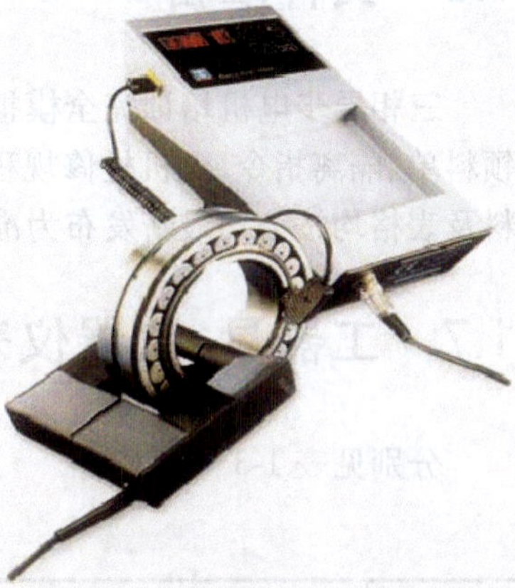

图 1-5　便携式轴承加热器

1.5.4　轴承冷打器

小型电动机及使用的双封闭轴承（轴承内已经加好润滑脂）可用轴承冷打器安装（见图 1-7）。

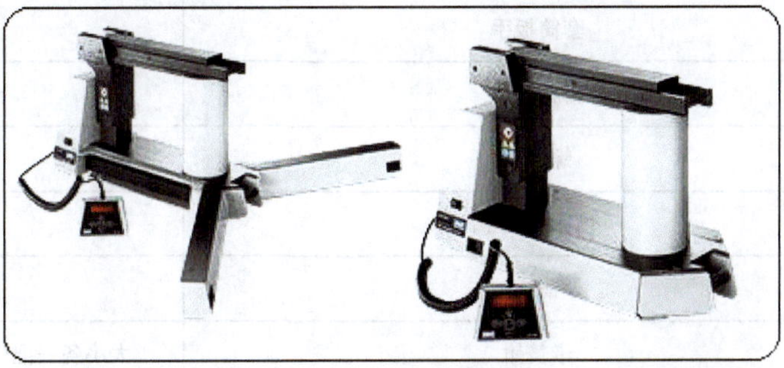

图 1-6　台式轴承加热器

其他电机检修常用工具还包括；套筒扳手、梅花扳手、螺丝刀、内六角扳手，铜棒、撬棍、游标卡尺、内径千分尺、外径千分尺、塞尺（详见电机机械基础教材）、兆欧表、万用表等工器具。

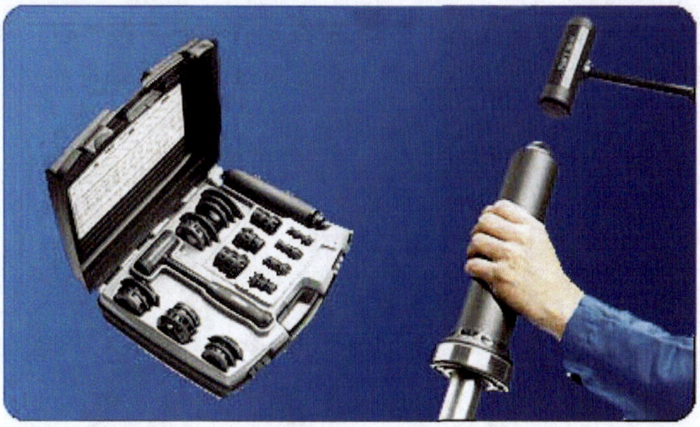

图 1-7 轴承冷打器

1.6 文件准备

三相异步电机培训完全模拟现场工作,具有完整的工作包:工作指令单、质量计划、备件领料单、隔离指令、电机检修规程、工前会、工后会、设备信息等。注明:文件包内相关信息资料及表格均按公司最新发布为准。

1.7 工器具、仪器仪表、材料准备

分别见表 1-3~表 1-5。

表 1-3 工具准备

序号	工具名称	数量
1	专用拉马	1套
2	套筒扳手	2套
3	梅花扳手	2套
4	螺丝刀	1套
5	内六角扳手	1套
6	铜棒	两根
7	卡簧钳	大小各一把(按现场实际需要)
8	撬棍	两根
9	记号笔	2支
10	轴承加热器	1套(按现场实际需要)
11	耐热手套	1付(按现场实际需要)

续表

序号	工具名称	数量
12	轴承冷打器	1套(按现场实际需要)
13	假轴	1根(假轴直径, 长度按现场实际需要)
14	吊带(2 T)	2根
15	强光手电	1支
16	零件箱	若干个(按现场实际需要)

表 1-4　工器具、仪器仪表准备

序号	测量工器具、仪器仪表	数量
1	内径千分尺一套	1套
2	外径千分尺一套	1套
3	直流双臂电桥	1台
4	兆欧表	1台
5	万用表	1台

表 1-5　材料准备

序号	材料(耗材)	数量
1	白布	5米
2	塑料布	5米
3	清洗剂	1桶(按现场实际需要)
4	棉纱手套	若干
5	浸漆手套	若干
6	毛刷1寸	2把
7	润滑脂	(若干按现场实际需要)
8	橡胶板	(若干按现场实际需要)

1.8　模拟体准备

培训楼培训教室,模拟体处于可用状态。检查模拟体是否有损坏,确保教学过程顺利实施。

1.9 辐射防护准备

培训楼模拟体无辐射风险,教学过程中如需要模拟实施辐射防护,需要说明在现场实施工作中所要采取的防护措施。依据不同的辐射水平,所采取的防护措施也有所不同,具体依照现场环境而定。防护措施一般有以下内容:

1) 穿戴辐射防护用品,如细沙手套、口罩、纸衣等;

2) 进入工作现场,确定周围有无辐射热点、警告标示;

3) 如有必要对现场进行辐射检查;

4) 涉及设备及零部件运出,需办理许可证。并对运出的设备及零部件进行去污处理。

1.10 工业安全准备

根据工业安全规定执行,所有人员穿戴劳动保护用品。具体的工业安全准备根据现场环境而定,但基本的工业安全需要准备。所有人员必须佩戴安全帽、绝缘鞋、工作服和手套等。检修场地使用警示带进行围栏,确保工作过程中无非工作人员进入。设备起吊、放置过程中,确保吊带绑扎牢固,防止设备掉落。

1.11 配合人员准备

须有起重资质的人员将电机吊运到合适的检修场地。

1.12 场地准备

现场铺设带有颜色塑料布用于摆放工器具;铺设橡胶板用于放置检修设备;清理场地,确保检修场地无其他异物;合理分配场地,确保工具、设备的合理分布,方便检修;在场地外围布置警示带。

第二章　操作实施

2.1　操作实施 1　开工条件确认,布置检修场地

开工条件确认,布置检修场地见表 2-1。

表 2-1　开工条件确认，布置检修场地

序号	操作步骤	操作要求	工器具	测评标准	备注
1	召开工前会	1. 工作组全体参加; 2. 工作负责人说明:工作内容、工作组成员分工、工作时安全注意事项; 3. 工作组成员对工作内容及分工无异议后,签字		按照工前会表格内容要求执行	
2	验证安措、验电检查	1. 操作票上的安措与现场相符; 2. 核对操作票上的检修设备及该设备编码相符; 3. 打开确认需检修电动机的接线盒,用万用表进行检查	万用表自检他检	操作票上的安措与现场相一致 需检修的电动机已断电防人因工具使用	
3	现场情况确认	工作现场满足检修工作需要	目视	照明良好,有足够的检修场地,现场无交叉作业的情况	
4	检修用工具检查	检查检修工具完好性	自检	完好 防人因工具使用	
5	测量仪表检查	检查测量仪表的是否适用、是否在有效期内、是否完好	自检	完好 防人因工具使用	
6	现场布置	检修现场设置隔离围栏,地面铺设橡胶垫、并检查电机外观	目视	完好	
安全风险、辐射风险、异物控制提示:确认设备已经停电		检查维护时做好防尘防潮措施			

2.2 操作实施 2 电机解体

电机解体见表 2-2。

表 2-2 电机解体

序号	操作步骤	操作要求	工器具	测评标准	备注
1	电机外观检查	设备标牌完整性	自检、他检	设备标牌完整； 防人因工具使用	
2	电机外观检查	检查电机风罩、风叶、电机外观的锈蚀情况	自检、他检	无锈蚀； 防人因工具使用	
3	拆除电源线和接地线	做好明显标记，电源线可靠短接接地后并包扎处理	相色带、短接线自检、他检	记号明显，短接可靠； 防人因工具使用	
4	对电机进行修前电气试验	绝缘电阻测量； 直流电阻测量； 记录好相关的数据	电桥、兆欧表自检、他检	测量数据记录在案； 防人因工具使用	
5	拆除联轴器	正确使用拉马	拉马自检、他检	操作平稳； 防人因工具使用	
6	拆电机风叶风罩	正确使用螺丝刀、扳手	螺丝刀、扳手自检	螺丝无损伤； 防人因工具使用	
7	取下风扇锁紧圈(卡簧)	正确使用卡簧钳	卡簧钳自检	锁紧圈无变形； 防人因工具使用	
8	拆电机风叶	正确使用拉马	拉马自检、他检	操作平稳 防人因工具使用	
9	拆电机两侧负荷端及自由端的端盖[a]	做好端盖标记，首先取下小端盖螺丝和外小端盖；然后取下大端盖螺丝，需要在端盖两侧同时轻轻撬动端盖，用撬杠将大端盖撬出，取下大端盖	扳手、撬杠、吊带自检、他检	防止撬棍损坏大端盖止口、防止大端盖拆除时砸到转轴上； 防人因工具使用	同样方法拆卸另一侧端盖
10	零部件整理	将拆下的紧固件、垫片、所用工具材料放在专用的零件箱内	收纳箱自检	小心轻放，并将拆下的零部件记录清楚； 防人因工具使用	

注：a. 用撬杠拆卸电机两侧负荷端及自由端的端盖时，防止损伤端盖止口。

维修电动机时，需要把电动机拆开，如果拆卸方法不得当，反而会将电动机拆坏，或者维修后不合格或达不到需求，使故障重新发生，因此必须掌握电动机的正确拆卸和装配技术。

在拆卸前，首先要做好准备工作，即准备各种拆卸工具，要做好拆卸前的记录和检查工作，然后进行正确的拆卸。

小型电动机的拆除步骤是：先拆卸皮带轮或联轴器。拆卸时将皮带轮或联轴器的固定螺丝或销子松脱，再用拉马将皮带轮或联轴器从轴上慢慢拉出来。使用拉马时要注意顶正。在拆卸过程中，要注意皮带轮或联轴器的受力情况，不能将皮带轮或联轴器外缘部分拉坏。若遇到皮带轮或联轴器不易拆卸时，可以用除锈剂等涂渗片刻后再拉。或对其进行加热，并趁热迅速拉下。

2.3　操作实施 3　电机转子抽芯

电机转子抽芯见表 2-3。

表 2-3　电机转子抽芯

序号	操作步骤	操作要求	工器具	测评标准	备注
1	转子抽芯[a]	在负荷侧轴上包上白布或橡皮，装上假轴，用 2 根吊带吊住转子，调整好定转子气隙，抽出转子搁在垫木上	吊带，假轴自检、他检、三向交流	操作平稳，定、转子无摩擦、碰撞；防人因工具使用	
		抽转子时应动作平稳，避免定、转子相碰，碰伤定子端部线圈			

注：a. 定子、转子应用塑料布覆盖，做好防潮防尘措施。抽转子时应动作平稳，避免定转子相碰，碰伤定子端部线圈。做好定子防滚动措施。

小型电动机的转子可用手取出，而中、大型电动机转子可按规程或吊装方案中顺序执行。不论是小型电动机或是中、大型电动机抽出转子时，都要特别小心，防止转子将定子线圈碰坏。必要时，可在线圈端部垫纸板以保护线圈。

2.4　操作实施 4　轴承检查与更换

轴承检查与更换见表 2-4。

表 2-4　轴承检查与更换

序号	操作步骤	操作要求	工器具	测评标准	备注
1	记录两端轴承型号	在规程中进行记录	自检	防人因工具使用	
2	不更换轴承	清洗检查轴承，测量轴承游隙，并记录	清洗剂自检、他检	不许有异物存留在轴承中；防人因工具使用	

续表

序号	操作步骤	操作要求	工器具	测评标准	备注
3	更换轴承[a]	用卡簧钳取下定位卡簧,然后用拉马将轴承拉下	卡簧钳、拉马自检、他检、三向交流	防人因工具使用	
		均匀加热			

注:a. 如轴承卡死取下困难,可用焊枪等加热工具对轴承加热 120 ℃,再用拉马拉下。

2.5 操作实施 5 零部件清洗、检查

零部件清洗、检查见表 2-5。

表 2-5 零部件清洗、检查

序号	操作步骤	操作要求	工器具	测评标准	备注
1	用压缩空气吹净定、转子表面灰尘	风量要符合要求	吹风机或空压机自检	干燥的压缩的空气;防人因工具使用	
2	定子清洗	用电气绝缘清洗剂清洗定子铁心、线圈上的油污到彻底干净	清洗剂、毛刷自检、他检	干净,无油渍;防人因工具使用	
3	转子清洗	用电气绝缘清洗剂清洗转子各部位上的油污到彻底干净	清洗剂、毛刷自检、他检	干净,无油渍;防人因工具使用	
4	风罩、风扇、电机两侧负荷端及自由端的小端盖进行清洗	用电气绝缘清洗剂清洗内、外小端盖、风扇、风罩上的油污到彻底干净,无裂纹、无破损	清洗剂、毛刷自检、他检	干净,无油渍;防人因工具使用	
5	电机两侧负荷端及自由端进行清洗	用电气绝缘清洗剂清洗大端盖、轴承套,检查应无磨损痕迹,无跑外圈迹象,铸件无裂纹	清洗剂、毛刷自检、他检	干净,无油渍;防人因工具使用	
6	联轴器清洗	用电气绝缘清洗剂清洗联轴器,检查,内孔、键槽不磨损,无毛刺,表面无裂纹	清洗剂、毛刷、手电自检、他检	干净,无油渍;防人因工具使用	

定子检查		操作要求	工器具	测评标准	备注
1	定子各个部位接线检查	防止有异物进入电机内部	自检、他检	检查定子端部、接线盒内引线接头无过热变色,引线绝缘无老化龟裂、破损,与机壳相碰处应设法隔开;防人因工具使用	

续表

定子检查		操作要求	工器具	测评标准	备注
2	定子铁芯检查	防止有异物进入电机内部	自检、他检	检查定子铁心应无锈迹、松动，铁心无缺损，无过热变色迹象，通风沟槽畅通； 防人因工具使用	
3	定子槽楔检查	防止有异物进入电机内部	自检、他检	定子槽楔应完整，无鼓起、分层剥离现象，槽楔不应凸出定子铁心表面，用 0.5 磅小铁锤检查定子槽楔应无松动声音； 防人因工具使用	
4	定子线圈检查	防止有异物进入电机内部	自检、他检	定子线圈无过热变色现象，绝缘无破损，端部线圈绑扎带不松散、破损； 防人因工具使用	

转子检查		操作要求	工器具	测评标准	备注
1	转子铁芯检查	应防止转子滚动	自检、他检	转子铁芯无过热摩擦、烧伤锈蚀现象，检查槽楔的紧固情况，松动的重新敲紧； 防人因工具使用	
2	转子风扇及各紧固件检查	应防止转子滚动	自检、他检	风扇无裂纹，各紧固件、平衡块应锁紧； 防人因工具使用	

2.6　操作实施 6　配合尺寸测量

配合尺寸测量见表 2-6。

表 2-6 配合尺寸测量

序号	操作步骤	操作要求	工器具	测评标准	备注
1	轴承室测量	检查轴承室内径无损伤、跑外圈现象，用内径千分尺测量两侧大端盖轴承室尺寸，测量数据记录在表中。每隔 120°至少测量一次。分别在 0°、120°、240°取测量平均值	内径千分尺自检、他检	测量数据准确，测量三次取测量平均值； 防人因工具使用	
2	轴颈测量	检查轴承档轴颈应无损伤，用外径千分尺测量转子两侧轴颈尺寸；每隔 120°至少测量一次。分别在 0°、120°、240°取测量平均值	外径千分尺自检、他检	测量数据准确，测量三次取测量平均值； 防人因工具使用	

2.7 操作实施 7 电动机组装

电动机组装见表 2-7。

表 2-7 电动机组装

序号	操作步骤	操作要求	工器具	测评标准	备注
1	回装电机两侧负荷端及自由端的内轴承盖	将电机两侧负荷端及自由端内的小端盖套在轴上	自检、他检	负荷端及自由端两侧端盖不要装反； 防人因工具使用	
2	轴承安装前检查	新轴承型号应与原型号一致，将轴承内的防锈油清洗干净。测量轴承游隙，并记录。安装时，注意有轴承上型号标识的在外侧	清洗剂 自检、他检	滚道光滑无损伤，保持架完好，用手转动应灵活无异音； 防人因工具使用	
3	轴承安装[a]	轴承加热器将两端轴承加热到 90～100 ℃； 小型电机及双封闭轴承不适用加热装配，可用轴承冷打器安装	轴承加热器 自检、他检	将两端轴承安装到位； 防人因工具使用	
4	回装轴承的卡簧	正确使用卡簧钳	卡簧钳 自检	安装到位； 防人因工具使用	
5	回装前定、转子检查	电机内部的检修工作已全部完成，质量符合程序号各条中的要求	手电 自检、他检	检查定子膛内及转子干净、无异物及其他异常； 防人因工具使用	

续表

序号	操作步骤	操作要求	工器具	测评标准	备注
6	回穿转子[b]	在负荷侧轴上包上白布，装上假轴，调整好定转子气隙，将转子穿回电机定子膛内	吊带、白布，假轴 自检、他检	定、转子铁芯对齐； 防人因工具使用	
7	轴承加油	轴承冷却后加润滑脂：应使轴承滚道间填充足够的油脂，轴承盖内的加油量应只占容积的 1/3～1/2 为宜；滚柱轴承内圈应确认滚子滚道都已填满油脂	润滑脂 自检、他检	防人因工具使用	
8	回装电动机负荷端及自由端大、小端盖[c]	1）将电机两侧负荷端及自由端大端盖回装，按原标记用铜棒均匀敲紧到位，对角拧紧大端盖紧固螺丝。按螺栓尺寸规定的紧固力矩值，进行紧固； （注意：应用铜棒在端盖四周均匀轻轻敲入，切忌歪装猛敲而损伤端盖止口与轴承） 2）按原标记装上将电机两侧负荷端及自由端两侧小轴承端盖，对角拧紧轴承盖紧固螺丝。按螺栓尺寸规定的紧固力矩值，进行紧固	铜棒，套筒扳手 自检、他检	端盖与定子接口处无缝隙； 轴承盖加油孔对齐； 防人因工具使用	
9	回装风扇	先装好键，突出轴外，然后将风叶键槽卡在键上，用铜棒轻轻敲击	铜棒 自检、他检	安装到位； 防人因工具使用	
10	回装风扇卡簧		卡簧钳自检、他检	安装到位； 防人因工具使用	
11	回装风罩	按照原记号回装	扳手、螺丝刀自检、他检	安装到位，与风扇无擦碰； 防人因工具使用	
12	回装联轴器	用烘箱或轴承加热器将电机侧联轴器加热到 120 ℃左右	烘箱 自检、他检	安装到位； 防人因工具使用	
13	电机手动盘车	自由旋转转子 3 周以上，转动停止后转子无倒退现象	自检、他检	应灵活、无卡涩现象； 防人因工具使用	

注：a. 需确认两端轴承已安装到位。负荷侧滚柱轴承先将轴承内圈安装到轴承上即可。b. 定转子之间不要刮、碰。c. 应用铜棒在端盖四周均匀轻轻敲入，切忌歪装猛敲而损伤端盖与轴承。

2.8 操作实施8 修后试验、接线

修后试验、接线见表2-8。

表2-8 修后试验、接线

序号	操作步骤	操作要求	工器具	测评标准	备注
1	绝缘电阻测量	500 V	兆欧表自检、他检	应不小于0.5 MΩ; 防人因工具使用	绝缘电阻测量
2	直流电阻测量	用双臂电桥测量电机定子绕组三相直流电阻	双臂电桥自检、他检	要求各相绕组的直流电阻相互差别不应超过最小值的2%(测量线间直流电阻其差别不应超过1%); 防人因工具使用	三相绕组的测量数值(最大值-最小值)/最小值×100%
3	接线前检查	电机接线盒内检查	自检、他检	接线应牢固,线鼻子压紧线芯无断裂,接线处无过热痕迹,电机引出线绝缘层无损坏,螺母、平垫垫片、弹性垫片无缺失; 防人因工具使用	
4	接电源线	紧固所有端子,按螺栓尺寸规定的紧固力矩值,进行紧固; 电源线在接线盒入口处电缆保护措施检查	扳手、螺丝刀 自检、他检	装上连接片,按原标记接上电机引线,紧固螺丝; 防人因工具使用	
5	接地线检查	紧固接地线,按螺栓尺寸规定的紧固力矩值,进行紧固	自检、他检	检查接地线应无断股,线鼻子压紧无氧化现象; 防人因工具使用	
6	回装接线盒		扳手、螺丝刀自检、他检	回装接线盒盖:密封圈回装到位,若破损则更换新密封圈,紧固螺丝; 防人因工具使用	接线盒回装后,绝缘测量在开关柜侧进行
7	完工现场检查	工作负责人检查工作已全部结束,质量合格	自检、他检	电机就位,工器具清理,现场垃圾清扫完毕; 防人因工具使用	

2.9　实施中需要特别注意的几个关键点

1）在电机解体过程中，对修前和修后的电气试验数据进行对比，如果偏差超值应及时的进行分析研究，查找原因；

2）使用前对仪器仪表进行检查，确认无误后使用；

3）拆线前一定要做好记号，接线前一定要确认无误；

4）转子抽芯与转子穿芯工作过程中，都要特别小心，防止转子将定子线圈碰坏。必要时，可在线圈端部垫纸板以保护线圈；

5）电机轴承室和轴颈的测量，如尺寸超标不多需要对端盖和轴颈进行刷镀，超标过多需要进行镶套处理；

6）在装配电动机端盖之前，要检查定子腔内、绕组端部是否有异物或损坏，并查看转子表面有无杂物；

7）端盖的固定螺丝应均匀地交替拧紧。敲打端盖时最好用木榔头或垫上木板敲打，以免将端盖或其他零部件敲坏；

8）在装配时，应保持各零部件表面的清洁，并且装配到原位置，正确地将各处原来拆下的零件装上，而后检查转子是否转动灵活；

9）在装配时，电机加油孔、管线和泄油槽盒的清理检查。

10）螺栓材质：① 高强度六角头螺钉和螺栓头上标有 8.8；高强度半圆头螺钉头上标有 12.9.相应的螺母代码 8；② 不锈钢紧固件在其头上标有 A4-70 或 A4-80；③ 不标有 8.8 或高强度代码的紧固件可看作为低碳钢紧固件(包括非铁紧固件)。

2.10　电机解体检查记录表

电机解体检查记录见表 2-9～表 2-12。

表 2-9　定子绕组的绝缘电阻测量表

测量部位	阻值/MΩ		标准	结论
	修前	修后		
U—E			500 V 兆欧表测量定子绕组绝缘电阻，其值不应低于 0.5 MΩ	
V—E				
W—E				

记录人签名： 日期：	工作负责人签名： 日期：

表 2-10 定子绕组直流电阻测试记录

<table>
<tr><td colspan="2" rowspan="2">试验项目</td><td colspan="4">试验数据记录/Ω</td><td rowspan="2">结论</td></tr>
<tr><td>U1-U2</td><td>V1-V2</td><td>W1-W2</td><td>偏差</td></tr>
<tr><td rowspan="2">定子绕组的直流电阻</td><td>修前</td><td></td><td></td><td></td><td></td><td rowspan="2"></td></tr>
<tr><td>修后</td><td></td><td></td><td></td><td></td></tr>
<tr><td colspan="3">记录人签名：
日期：</td><td colspan="4">工作负责人签名：
日期：</td></tr>
</table>

表 2-11 电机尺寸测量记录

<table>
<tr><td>序号</td><td>项目名称</td><td>测量数据/mm</td><td>结论</td></tr>
<tr><td>1</td><td>负荷端轴承档(与轴承配合处)外径</td><td></td><td></td></tr>
<tr><td>2</td><td>非负荷端轴承档(与轴承配合处)外径</td><td></td><td></td></tr>
<tr><td>3</td><td>负荷端轴承室(与轴承配合处)内径</td><td></td><td></td></tr>
<tr><td>4</td><td>非负荷端轴承室(与轴承配合处)内径</td><td></td><td></td></tr>
<tr><td colspan="2">记录人签名：
日期：</td><td colspan="2">工作负责人签名：
日期：</td></tr>
</table>

表 2-12 接线端子电气连接时力矩推荐值

<table>
<tr><td>螺栓直径/mm</td><td>紧固力矩/(N·m)</td><td>备注</td></tr>
<tr><td>M8</td><td>8.8～10.8</td><td rowspan="5">1. 对于接线柱直径小于 8 mm 的接线端子，只进行紧固行检查，而不做力矩要求；
2. 对于铜螺栓力矩要求按照钢螺栓力矩值的 50%执行；
3. 对锁紧帽不做力矩要求，紧固即可；
4. 屏蔽防爆电机只进行紧固检查，不做力矩要求</td></tr>
<tr><td>M10</td><td>17.7～22.6</td></tr>
<tr><td>M12</td><td>31.4～39.2</td></tr>
<tr><td>M14</td><td>51.0～60.8</td></tr>
<tr><td>M16</td><td>78.5～98.1</td></tr>
</table>

第三章　故障检查和处理

3.1　常见故障现象和判断方法检查和处理

常见故障现象和判断方法检查和处理见表 3-1。

表 3-1　常见故障现象和判断方法检查和处理

序号	故障现象	判断方法	故障原因分析	故障排除方法
1	电动机外壳带电	兆欧表测量	引出线或接线盒接头的绝缘损坏接地	将损坏的绝缘部分套上绝缘管
			绕组端部太长与端盖相碰	端盖卸下后接地现象即消除；在端盖与端部的线圈之间放(垫)上绝缘纸即可
			槽内有铁销等杂物未除尽，导线嵌入与硅钢片相碰	拆开每个线圈接头，用淘汰法找出接地线圈后，进行局部修理
			外壳没有可靠接地	若绕组对地绝缘良好，应将电动机外壳可靠接地
2	电动机绝缘低	兆欧表测量	绕组受潮或被水淋湿	进行加热烘干处理
			绕组绝缘沾满粉尘、油垢	清洗绕组油垢后，烘干处理
			电机接线端子损坏，引出线绝缘老化破裂	更换接线端子，重新包扎引线绝缘
			绕组绝缘老化	经鉴定后可以继续使用时，可经清洗烘干，重新涂绝缘漆，如绝缘老化不能安全运行时，需更换绕组绝缘

3.2　常见故障原因分析和故障排除方法

常见故障原因分析和故障排除方法见表 3-2。

表 3-2 常见故障原因分析和故障排除方法

序号	故障现象	判断方法	故障原因分析	故障排除方法
1	轴承盖异常发热，比机壳温度高	点温计测量	新换轴承装配不好	转动转子或拆端盖转动轴承找出故障
			轴承干涩，有漏油现象，润滑脂太少	清洗轴承、加入轴承润滑脂；一般润滑脂加到轴承室的 70%左右，即轴承加满，轴承盖浅浅加一层即可
			有漏油现象，润滑脂太多	一般润滑脂加到轴承室的 70%左右，即轴承加满，轴承盖浅浅加一层即可
			皮带张力太紧或联轴器装配不在同一线上	转动转子，检查皮带紧张情况，联轴器连接情况
			轴承油内有灰沙杂质和铁屑等物	用听棒或螺丝刀一头放在轴承盖处用耳倾听。轴承运转有杂声，立即停车清洗轴承
			轴承已损坏	换上同型号轴承
			端盖与机座不同心，转起来很紧	检查端盖同心度
2	电机振动大	测振仪测量	轴承磨损	更换轴承
			转子不平衡	做转子动平衡试验，重新配重
			基础强度不够或安装不平	基础加固，电机底脚重新找平
			风扇不平衡	风扇校平衡
			转轴弯曲	校直转轴
			联轴器对中有问题	重新对中

3.3 特殊故障现象和判断方法

特殊故障现象和判断方法见表 3-3。

表 3-3 特殊故障现象和判断方法

序号	故障现象	判断方法	故障原因分析	故障排除方法
1	电动机发热超过标准温度或冒烟	点温计测量、巡检	电压过低或过载拖动机器卡住或润滑不良	测量电动机使用电压是否过低；如果过低、应适当调整电压
				测量电动机电流；若电压正常而电流过大，可适当降低电动机负载
				先排除电动机故障，在检查拖动机器

续表

序号	故障现象	判断方法	故障原因分析	故障排除方法
1	电动机发热超过标准温度或冒烟	风扇处检查	电动机通风不好或散热不良	检查电动机风扇是否损坏或与转轴是否未固定紧
		外壳检查		检查电动机外壳的散热片槽内是否被异物堵塞,若是,清除即可
		风扇处检查		检查电动机风罩是否破损,若是,更换或修复
		用万用表测量检查	电压过高或接线错误	检查电动机使用的电压是否过高,若不符,调整电压
		打开接线盒,检查核对		检查电动机接法是否正确,如将△形误接成 Y 形,电动机在重负载时电流增大而发热,或 Y 形误接成△形,电动机的相电压增大 1.73 倍,电动机会产生大电流发热严重,甚至冒烟,校正电动机接线
		拆卸解体电动机检查	鼠笼式转子断条或滑环式转子绕组接线松脱	鼠笼式转子断条,需返厂修复; 滑环式转子绕组查出松脱处,将松脱处焊牢或用螺栓固紧
		听声音、拆卸解体电动机检查	定转子相檫	轴承损坏,更换新轴承
				轴承盖损坏,更换新轴承盖
				检查定、转子铁芯是否变形,若是、应修复变形处
				检查转子轴是否变形,若是、校正转子轴
				定子铁芯内膛、转子铁芯表面有凸凹,将凸凹不平的地方锉平处理
		拆卸解体电动机检查	定子绕组有局部短路接地	用兆欧表检查定子绕组是否与铁芯绝缘电阻变小、若是,找出短路部分进行绝缘处理或更换线圈
2	电动机不能启动有嗡嗡声	检查供电回路	绕组某相开路或电源缺相	检测控制回路到电动机接线盒的连接线是否接触不良或接线处氧化,若是,清除氧化物或重新接好连接线
		测量工作电压		检测工作电压是否缺相,若是、检查修理供电回路
		用万用表测量		测量三相绕组是否有开路现象,若是、应找出开路处并连接
		检查	工作电压低	检查电动机使用的电源线是否合格,如不合格、更换电源线
			工作电压低	误将△形接成 Y 形,应重新连接

续表

序号	故障现象	判断方法	故障原因分析	故障排除方法
2		检查盘车	电动机负载异常	检查电动机的负载是否卡住或阻力过大,修复负载故障
		检查盘车		检查电动机的轴承是否损坏和风叶被异物卡住,更换轴承或清除异物
		盘车、拆卸解体电动机检查		检查电动机定、转子是否摩擦,修复

电动机出现的故障很多,故障原因也都不相同,大体可分为电气故障和机械故障两个方面。另外,电动机是从电源吸收电能,在轴上输出机械能,所以电动机出现故障先对电源与负载这两方面进行仔细检测。由于电动机本身有很多薄弱环节,外界的任何一个偶然因素都能使电动机产生故障。因此分析故障时,必须认真地了解现象,从简到难找出故障点,必要时作相应的试验以帮助分析故障。

第四章　操作结束

4.1　检修完成后初步验证

电机组装完成后，手动盘转电机转子，查看是否有卡涩、刮擦等现象。

4.2　总结培训过程

电机解体首先要拆除电机的电源线，将电机移送到合适的检修场合。按规程对电机进行拆解。

4.3　评判

学员对解体过程进行阐述，并说明其中的关键点及其注意事项，教员对学员的阐述进行简要记录，根据阐述评判学员掌握的情况，其中对电机的解题步骤需要完整的阐述，教员指出学员阐述过程中的错误以及需要注意的事项，并且依据评判表，对学员的学习情况做出整体的评判。

4.4　清理现场

工作结束后，做到工完料尽场地清，对检修后的物资设备进行分类，工具整理并与工具清单进行对比确保工具无缺失，并检查工具的可用性，记录损坏情况并汇报，对更换的领料物资与领料单进行核实，确保所有可更换的物资已更换，更换下来的设备零部件进行后续处理，修复或者直接报废，清理工作过程中的耗材，进行分类处理，放置到相应的塑料袋中，清理现场的塑料布、橡胶板，必要时可用白布清理现场。

4.5　工后会

工后会是对整个工作的过程的回顾以及必要的经验反馈。

回顾工作过程：工作票已经归还，场地已经清理，设备表牌完好，对检修任务进行评价，是否达到预期的目的，仪器仪表已经归还。

工作后的经验反馈是对以后同类型的工作的经验积累，以提高工作检修技能，能够更好地完成检修工作，其主要有以下内容：

1）工作是否安排合理；

2）工作班成员是否配备充足；

3）工作文件的合理性；

4）工作人员的检修技能是否满足要求；

5）规程、图纸是否要升版；

6）检修过程中的异常；

7）工作的经验反馈；

8）协调事项。

第五章　经验反馈

5.1　1号机组反应堆厂房送风机组内再生风机电机1-7312-FM4轴承安装错误导致电机故障

1. 事件概述

2018年4月7日,1号机组反应堆厂房送风机组内再生风机电机1-7312-FM4执行解体检修,更换了电机两端轴承。2018年4月14日凌晨4点,主控出现CI16155434报警,现场检查发现小车开关1-5434-BUI-D3(MCC1进线开关)故障跳闸,开关报警信息为“GNDT”接地故障报警。维修人员对MCC下面的负荷进行逐一排查,最终发现1-5434-MCC1-3RE间隔负荷7312-FM4电机绝缘为零。现场检查电机,发现电机无法盘动。对电机进行了解体,发现电机非驱动端轴承损坏,转子扫膛,定子线圈烧毁,一相对地绝缘击穿。电机非驱动端轴承卡死,端盖无法取下。

2. 经验教训

电机非驱动端单封闭轴承安装方向错误导致电机定子及转子损坏。

1）维修人员培训不足,导致人员缺乏单封闭轴承的安装技能,未能识别出防尘盖朝外安装会导致轴承润滑脂无法封闭存储的风险。

2）工单评估不足,工单准备时未对通用规程《低压三相通用电机解体大修规程》的现场适用性进行评估,未能发现规程步骤有关轴承安装的描述不适用于现场电机所用的单封闭轴承。

5.2　2号机组堆腔混凝土冷却风机电机故障导致机组停堆

1. 事件概述

2015年11月5日10时29分,2号机组A侧堆腔混凝土冷却风机7311-F54故障停运,投运同侧作为紧急备用的风机7311-F53后,反应堆堆腔混凝土温度维持稳定。检查确定风机7311-F54的电机存在接地故障,功率运行期间不可进入进行处理,且风机7311-F53本身存在缺陷,只能作为紧急备用,不能长期运行。为避免紧急投运的风机7311-F53故障停运后反应堆堆腔混凝土温度突升,导致堆腔混凝土降级,电厂保守决策进行停堆小修。同日17时12分,机组按照运行规程与电网解列,开始机组小修。

2. 经验教训

7311-FM53轴承失效的根本原因是维修过程控制不当,产生了安装质量问题。

1）工作人员技能、维修程序均存在不足,并且当时的质量控制也不能有效发现过程中产生的问题。

2）安装过程中即使对轴承造成的轻微损伤，也会导致轴承重大缺陷，使电机提前失效。并且此类微小的损伤并不一定能在维修后试验时通过测振等手段发现。

5.3 2号棒电源机组发电机，电机转子轴损坏

1．事件概述

2016年11月27日某厂开始第17次换料大修。本次大修期间，2号棒电源机组解体检查工作由某承包商承担，付某和工作组成员李某按照维修规程要求，去AF库工具房借用了铜棒、手提灯、吊带；借用30 T液压拉马时，管理员告知没有30 T液压拉马，付某借用了50 T液压千斤顶和油泵。工作组未通知责任班组的情况下，用50 T液压千斤顶冷拉发电机的联轴器和电动机联轴器，付某在明知维修规程（"飞轮加热后用30 T液压拉马拉下飞轮"）的要求下，作业组继续用50 T液压千斤顶冷拉发电机飞轮，此时监护人李某也认可工作负责人付某的方法，在继续拉出100余毫米时，付某发现发电机轴和飞轮拉伤，飞轮出现偏心，冷拉无法进行下去，遂停止工作。当晚19时左右，付某兵通过电话向电机班班长汇报：发电机轴和飞轮拉毛。电机班班长要求立即停止现场作业。安全质量处质保监督一科对中核检修付某作业小组发出3级停工令。

2．经验教训

1）未正确使用防人因失误工具：遵守/使用规程。未按维修规程先将飞轮进行加热处理后，再进行拉拔。

2）防人因失误工具：遵守/使用规程：指在任何活动中必须严格按照反映电厂设计基准的电厂适用规程来行动。该类文件包括程序、政策、工作包/说明/工作单等。

5.4 2PTR001PO电机轴承烧毁

1．事件概述

2015年12月24日早上8点10分，主控室触发2JDT202PP火灾报警；现场人员查看后发现K256房间有大量浓烟，其来源为2PTR001PO电机处冒出浓烟触发火灾报警。随后维修检查发现2PTR001PO电机轴承烧毁。调查设备历史预防性维修及保养情况，历史工单只有一次加脂记录，时间为2015年4月2日，对驱动端分三次共添加了50 g专用油脂，对非驱动端分三次共添加60 g专用油脂，观察30 min后2PTR001PO电机驱动端轴承温度稳定在50.6 ℃；非驱动端轴承36.6 ℃，电机运行正常。

经查询PTR系统PMRQ项目，2PTR001PO缺少预防性维修项目，不能触发电机定期润滑工单。根据电机铭牌要求，该电机定期润滑周期为1 500 h(62.5 d)，注油量60 g。从2015年4月2日电机加脂至2015年12月24日电机已超过6 300 h未添加润滑脂。

2．经验教训

1）预定义数据库首次创建有疏漏，缺少2PTR001MO电机轴承润滑项目。

2）在预防性维修数据项目工作执行过程中，未能结合2PTR001PO设备的实际情况及时提出优化和修改申请。

5.5　手拉葫芦的非承重销断裂导致起重过程中起重物坠落

1. 事件概述

2014 年 10 月 30 日 14 时，检修人员在淡水厂执行 0SEO103MO 电机解体时，使用两个 3 T 的手拉葫芦对 1.8 T 的电机进行吊装工作，在进行电机水平放置时其中一个手拉葫芦的销子弯曲脱落，导致吊钩脱落，致使电机一头坠落，工作人员立即停止工作。起重作业前，已做好了防坠落措施，未造成人员和设备损伤。

2. 经验教训

1) 使用了的手拉葫芦装配错误。

2) 手拉葫芦使用人员经验不足。

第六章　习　题

6.1　选择题(每题 1 分,共 10 分)

1. 鼠笼式异步电动机的转子绕组(A)。

A. 是一个闭合的多相对称绕组　　B. 是一个闭合的单相绕组

C. 经滑环与电刷外接调速电阻而闭合　　D. 经滑环与电刷外接起动电阻而闭合

2. 异步电动机转子速度(B)定子磁场的速度。

A. 相等　　B. 低于

C. 高于　　D. 有时高于,有时低于

3. 运行中的 380 V 交流电机绝缘电阻应大于(D)MΩ 方可使用。

A. 3　　B. 2　　C. 1　　D. 0.5

4. 当异步电动机的负载超重时,其起动转矩将(D)。

A. 越大　　B. 越小　　C. 变化　　D. 与负载轻重无关

5. 电动机铁芯常采用硅钢片叠装而成,是为了(C)。

A. 便于运输　　B. 节省材料　　C. 减少铁芯损耗　　D. 增加机械强度

6. 三相交流电动机绕组末端连接成一点,始端引出,这种连接称为(C)连接。

A. 三角形　　B. 圆形　　C. 星形　　D. 双层

7. Y 系列异步电动机常采用 B 级绝缘材料,B 级绝缘材料的耐热极限温度(D)℃。

A. 95　　B. 105　　C. 120　　D. 130

8. 使用游标卡尺,卡尺的两个角合并时,游标上的零线与主尺上的零线应(C)。

A. 负一格　　B. 正一格　　C. 对准　　D. 相差一格

9. 三相异步电动机合上电源后发现转向相反,这是因为(D)。

A. 电源一相断开　　B. 电源电压过低

C. 定子绕组接地引起的　　D. 定子绕组与电源相连接时相序错误

10. 电动机轴承新安装时,润滑油脂应占轴承内容积的(D)即可。

A. 1/8　　B. 1/6　　C. 1/4　　D. 1/2～2/3

6.2　判断题(每题 1 分,共 10 分)

1. 通过调换任意两相电枢绕组电源线的方法,即可以改变三相鼠笼式电动机的转向。(√)

2. 鼠笼式电动机在冷态下允许启动的次数,在正常情况下是两次,每次间隔时间不小于 5 min。(√)

3. 三相异步电动机负载和空载下起动,其起动电流大小相等。 (√)

4. 三相异步电动机额定电压是指线电压。 (√)

5. 三相异步电动机转子只有鼠笼式一种结构形式。 (×)

6. 三相对称电源采用星形连接,电源线电压为相电压的 $\sqrt{3}$ 倍。 (√)

7. 电动机及起动装置的外壳均应接地。 (√)

8. 一般绝缘材料的绝缘电阻随着温度的升高而减小,而金属导体的电阻却随着温度的升高而增大。 (√)

9. 如果三相异步电动机过载,超过最大转矩,电动机将停转。 (√)

10. 因为电动机起动电流很大,所以要限制连续起动间隔时间和次数。 (√)

6.3　简答题(每题 5 分,共 50 分)

1. 三相异步电动机的转子有哪些类型?

答:三相异步电动机的转子可分为鼠笼式和绕线式两种类型。

2. 简述三相异步电动机工作原理?

答:当电枢(定子)绕组通入三相对称交流电流时,便产生了旋转磁场,闭合的转子绕组与旋转磁场存在相对运动,切割电枢磁场而感应电动势产生电流,转子电流的有功分量与电枢磁场相互作用形成电磁转矩,推动转子沿旋转磁场相同的方向转动。

3. 电动机不能转动的原因主要有哪些方面?

答:电动机不能转动的原因主要有四个方面:

① 电源方面;

② 起动设备方面;

③ 机械故障方面;

④ 电动机本身的电气故障

4. 异步电动机在何种情况下发热最严重?

答:当转子卡住(堵转)时最严重。因为处于堵转状态下的异步电动机,要长时间经受5~7 倍额定电流的作用。再加上由于不能通风冷却。致使电动机急剧发热,温度迅速上升。

5. 何谓异步电动机的额定电压?

答:额定电压是指电动机在额定工作状况下工作时,定子线端输入的电压即定子线电压。

6. 何谓异步电动机的额定电流?

答:额定电流是指电动机在额定工作状况下运行时,定子线端输入的电流即定子线电流。如果铭牌上有两个电流数据,则表示定子绕组在两种不同接法时的输入电流。

7. 异步电动机启动方法可分为哪两大类?

答:直接启动与降压启动。

8. 星形连接的三相异步电动机其中一相断续会怎样?

答:起动前断线,电动机将不能起动。运行中断线,电动机虽然仍能转动,但电机转速下降,其他两相定子电流增大,易烧毁电动机绕组。

9. 星-三角启动方式适用于重载启动吗?

答:星-三角启动方式只适用于无载或轻载启动,不适用于重载启动。因为电动机的转矩 M 与加在定子绕组相电压的平方成正比,而星形接法时定子绕组每相电压是三角形直接启动时每相电压的 $1/\sqrt{3}$ 倍,故起动转矩已降低到直接起动时的 1/3,当然不能胜任重载启动。

10. 在三相异步电动机运行维护工作中应注意什么?

答:一般应注意以下几点:

① 电动机周围环境应保持清洁。

② 检查三相电源电压之差不得大于 5%,各相电流不平衡值不应超过 10%,不缺相运行。

③ 定期检查电动机温升,使它不超过最高允许值。

④ 监听轴承有无杂音、定期添加润滑脂或更换润滑脂。

⑤ 注意运行电动机的声音、气味、振动等情况。

6.4 实操题(10 分,共 30 分)

试题 1:三相异步电动机解体

鉴定点:三相异步电动机解体

1. 准备要求

考场准备:

(1) 试题名称:三相异步电动机解体

(2) 本题分值:100

(3) 考核时间:30 min

(4) 考核形式:实操

(5) 设备设施准备:

序号	名称	规格	单位	数量	备注
1	模拟体		台	1	教学用模拟体一台
2	扳手、螺丝刀、拉马		套	各 1	铜棒、卡簧钳、撬杠、吊带
3	电气试验仪器仪表		台	各 1	电桥、兆欧表

考生准备:

(1) 试题名称:三相异步电动机解体

(2) 本题分值:100

(3) 考核时间:30 min

(4) 考核形式:实操

(5) 工具及其他准备:工前、工后会,维修规程

2. 考核要求

(1) 本题分值:100

（2）考核时间：30 min

（3）考核形式：实操

（4）具体考核要求：根据解体三相异步电动机，熟悉其关键点，电机解体需标记位置，解体过程大致步骤；

（5）否定项说明：无

3. 配分与评分标准

序号	考核内容	考核要点	配分	评分标准	扣分	得分
1	电机解体前准备	确定电机解体前的准备工作是否充分		未模拟检查隔离状态 否定项		
2	电机接线标记确认	确认接线方式	20	区分错误　扣 5 分		
3	电机解体步骤	是否了解电机解体的过程	20	1. 电机拆卸步骤错误　扣 10 分； 2. 造成零部件损坏　否定项		
4	零部件清洗	了解需要清洗的电机零部件	20	未说明所有需清洗的零部件　扣 5 分		
5	电机回装前检查	回装前需要注意的事项	20	1. 未说明零部件完好或已修复、更换。扣 10 分； 2. 未检查电机清洁度　扣 2 分		
6	电机回装是注意事项及修后电气试验	电机回装步骤正确，电气试验合格	20	1. 步骤不正确　扣 10 分； 2. 电气试验操作不规范　扣 10 分		

否定项：1. 未模拟检查隔离状态；
2. 零部件损坏。

评分人：　年　月　日　　　　核分人：　年　月　日

试题 2：指认电机各部件名称

鉴定点：电机结构认知

1. 准备要求

考场准备：

（1）试题名称：电机各部件名称

（2）本题分值：20

（3）考核时间：40 min

（4）考核形式：实操

（5）设备设施准备：

序号	名称	规格	单位	数量	备注
1	模拟体		台	1	教学用模拟体一台
2	工具、吊带等		套	1	解体用工具、电气试验仪器仪表

考生准备：

(1) 试题名称:电机各部件名称

(2) 本题分值:20

(3) 考核时间:40 min

(4) 考核形式:实操

(5) 工具及其他准备:无

2. 考核要求

(1) 本题分值:20

(2) 考核时间:40 min

(3) 考核形式:实操

(4) 具体考核要求:根据电机实物,能说出电机各零部件名称及功能

(5) 否定项说明:无

3. 配分与评分标准

序号	考核内容	考核要点	配分	评分标准	扣分	得分
1	电机图纸讲解	能说出电机定子、转子、定子绕组、等部件名称	4	未能说出指定部件　扣1分		
2	电机实物讲解	能说出电机定子、转子、定子绕组、等部件名称	6	未能说出指定部件　扣2分		
3	能分辨直流电机与三相异步电机的差别	了解三相异步电机的用途	10	1. 不能说出类型　扣2分; 2. 不能说出三相异步电机用途　扣2分		

否定项:1. 不了解电机的工作原理;

2. 无法分辨电机部件。

评分人:　　年　月　日　　　　核分人:　　年　月　日

试题3:三相异步电动机解体状态下轴承室及转子轴承挡位置测量

鉴定点:三相异步电动机解体状态下轴承室及转子轴承挡位置测量

1. 准备要求

考场准备:

(1) 试题名称:轴承室及转子轴承挡位置测量

(2) 本题分值:100

(3) 考核时间:40 min

(4) 考核形式:实操

(5) 设备设施准备:

序号	名称	规格	单位	数量	备注
1	模拟体		台	1	教学用模拟体一台
2	内径千分尺		把	1	
3	外径千分尺		把	1	

考生准备：

(1) 试题名称：轴承室及转子轴承挡位置测量

(2) 考核时间：40 min

(3) 考核形式：实操

(4) 工具及其他准备：无

2. 考核要求

(1) 本题分值：100

(2) 考核时间：40 min

(3) 考核形式：实操

(4) 具体考核要求：掌握测量关键点，掌握测量工具的使用

(5) 否定项说明：无

3. 配分与评分标准

序号	考核内容	考核要点	配分	评分标准	扣分	得分
1	轴承室测量	检查轴承室内径无损伤、跑外圈现象。负荷侧、非负荷侧两端都需要测量。用内径千分尺每隔 120°角测量一次，至少测量 3 次	40	1. 未检查轴承室内径无损伤、跑外圈现象　扣 10 分 2. 负荷侧、非负荷侧两端都需要测量。少测量一端　扣 20 分 3. 每隔 120°角测量一次，至少测量 3 次。角度不对　扣 10 分 否定项：测量工具选用错误 使用测量工具方法不正确		
2	转子轴承挡位置测量	检查轴承档轴颈应无损伤； 负荷侧、非负荷侧两端都需要测量； 用内径千分尺每隔 120°角测量一次，至少测量 3 次	40	1. 未检查轴承档轴颈应无损伤　扣 10 分； 2. 负荷侧、非负荷侧两端都需要测量，少测量一端　扣 20 分； 3. 每隔 120°角测量一次，至少测量 3 次，角度不对　扣 10 分 否定项：测量工具选用错误 使用测量工具方法不正确		
3	测量数据记录	测量数据准确； 测量数据记录准确	20	1. 数量数据不准确　扣 10 分； 2. 测量数据记录准确　扣 10 分		

否定项：1. 测量工具选用错误；

2. 使用测量工具方法不正确。

评分人：　　年　月　日　　　　核分人：　　年　月　日

第二部分　小型三相异步电动机机械基础知识

第一章　操作准备

1.1　钳工技能描述

钳工技能是从事检修工作的最基本的技能，钳工技能包括划线、錾削（凿削）、锯割、钻孔、扩孔、锪孔、铰孔、攻丝和套丝、矫正和弯曲、铆接、刮削、研磨，以及基本测量技能和简单的热处理等（图 1-1）。这就要求从事检修工作的人员，熟悉和掌握这些基本的钳工技能。

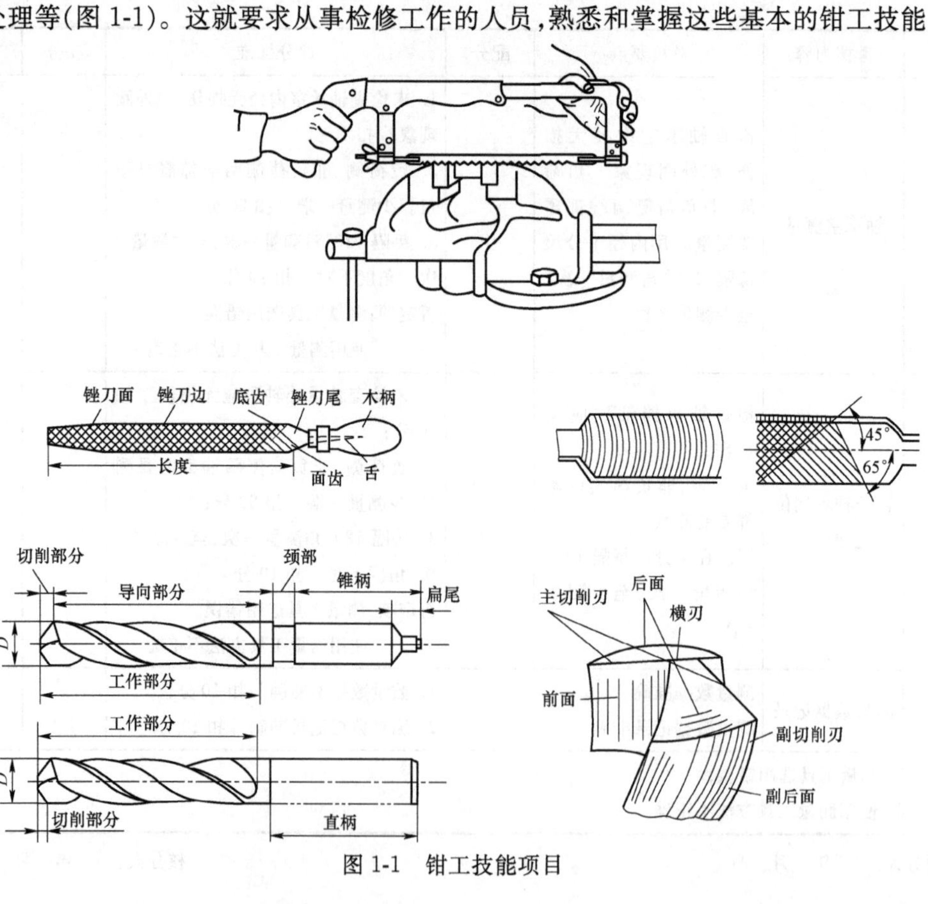

图 1-1　钳工技能项目

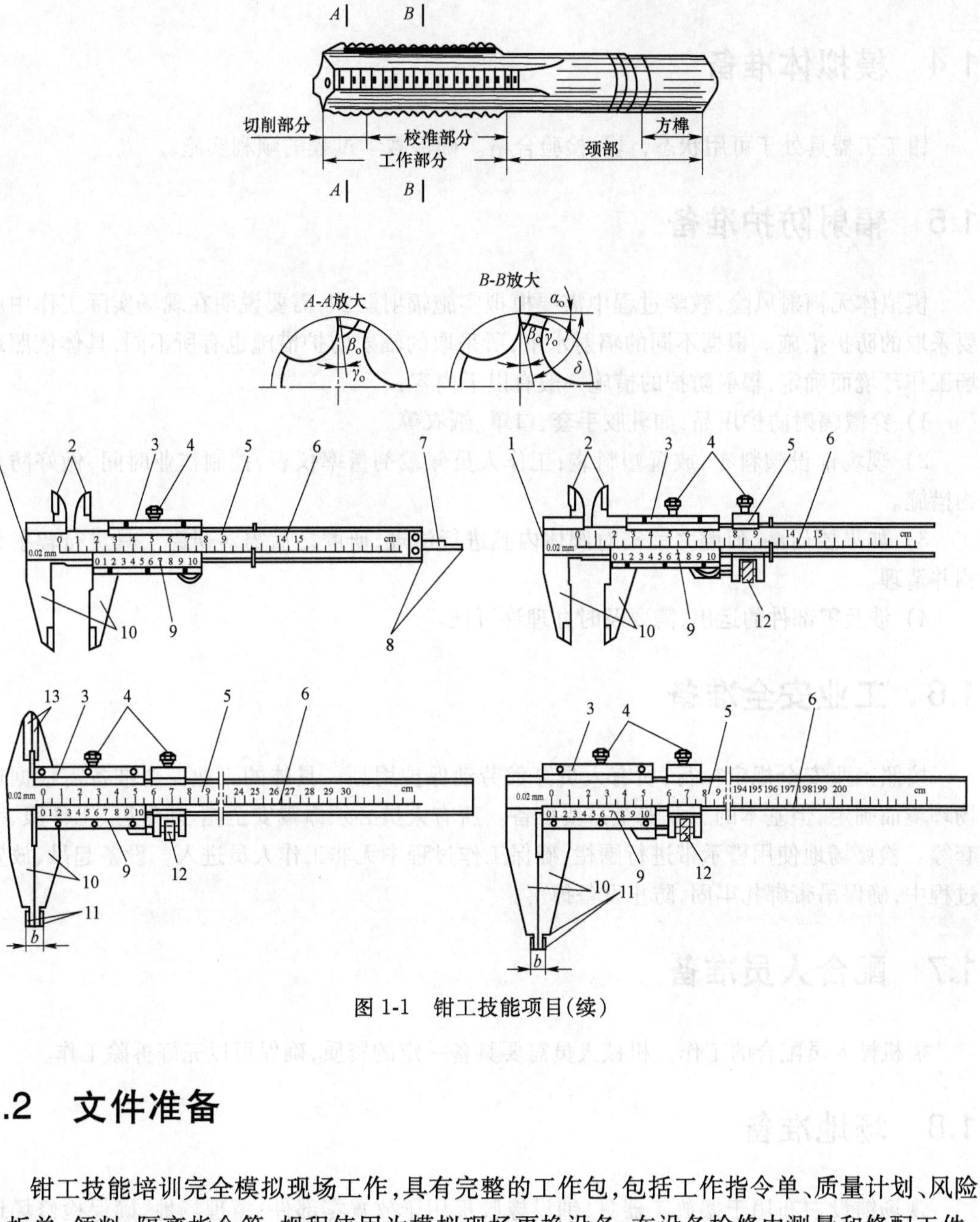

图 1-1　钳工技能项目(续)

1.2　文件准备

钳工技能培训完全模拟现场工作，具有完整的工作包，包括工作指令单、质量计划、风险分析单、领料、隔离指令等，规程使用为模拟现场更换设备，在设备检修中测量和修配工件，工前会、工后会、设备信息收集单等。

1.3　工器具准备

划针、扁铲、手锤、锯弓、钻头、丝锥、板牙、游标卡尺、外径千分尺、剪刀、棉纱、砂布、清洗剂、防咬剂。

1.4 模拟体准备

钳工工器具处于可用状态,量具检验合格。确保教学过程的顺利实施。

1.5 辐射防护准备

模拟体无辐射风险,教学过程中需要模拟实施辐射防护,需要说明在现场实际工作中所要采取的防护措施。根据不同的辐射水平,所采取的辐射防护措施也有所不同,具体依照现场工作环境而确定,辐射防护的措施一般有以下内容:

1) 穿戴辐射防护用品,如乳胶手套、口罩、纸衣等。

2) 现场铺设塑料布,放置塑料袋;工作人员佩戴剂量率仪表,控制作业时间,做好防异物措施。

3) 如果要研磨,研磨之前需对阀体内腔进行清理,研磨之后需对研磨工具进行辐射检测并清理。

4) 涉及零部件的运出,需要及时办理许可证。

1.6 工业安全准备

按照工业安全规定执行,所有人员穿戴劳动保护用品。具体的工业安全准备需根据现场环境而确定,但基本的工业安全需要准备。所有人员必须佩戴安全帽、防砸鞋、工作服、手套等。检修场地使用警示带进行围栏,确保工作过程中无非工作人员进入。设备起吊、放置过程中,确保吊带绑扎牢固,防止设备掉落。

1.7 配合人员准备

需机械人员配合的工作。机械人员需要具备一定的资质,确保可以完好拆除工作。

1.8 场地准备

现场铺设白布用于摆放工器具;铺设橡胶板用于放置零部件;清理场地,确保检修场地无其他异物;合理分配场地,确保工具、设备的合理分布,方便检修;在场地外围布置警示带。

第二章 操作实施

2.1 操作实施 1 机械制图基础知识

作为工程界共同语言的图样是用来进行信息交流的，规范性要求很高。为此，对于图纸、图线、字体、作图比例以及尺寸标注等，均由国家标准作出了严格规定，每个制图者都必须遵守。本节对机械制图的一般标准规定、工具使用、绘图方法与步骤、基本几何作图和徒手绘图技能等作基本介绍。

1. 图纸幅面、格式及标题栏

为了便于图纸的装订和保存，国家标准对图纸幅面做了统一的规定，必要时允许加长。

(1) 图纸幅面

标准的图纸幅面样式如图 2-1 所示，基本幅面及图框尺寸如表 2-1 所示。

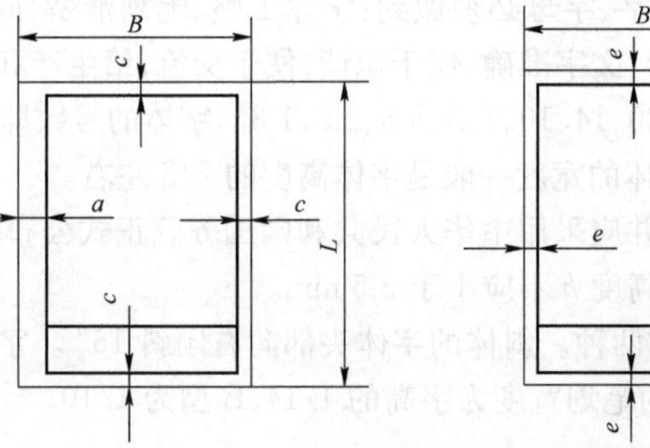

图 2-1 图纸幅面

表 2-1 基本幅面及图框尺寸 mm

幅面代号	A0	A1	A2	A3	A4
$B \times L$	841×1 189	594×841	420×594	297×420	210×297
a			25		
c	10			5	
e	20		10		

(2) 图框格式

图框格式分为两种，一种是需要装订的图样，一般采用 A4 竖装或 A3 横装；另一种则是不需要装订的图样。无论是否留有装订边，都应在图幅内画出图框，图框用粗实线绘制。

(3) 标题栏

标题栏用来填写零部件名称、所用材料、图形比例、图号、单位名称及设计、审核、批准等有关人员的签字。每张图纸的右下角都应有标题栏。标题栏的方向一般为看图的方向。标题栏的格式和尺寸应按相关国家标准的规定进行绘制。

2. 比例

(1) 比例定义及比例系列

图中图形与其实物相应要素的线性尺寸之比,称为比例。图形画得和相应实物一样大小时,比值为1,称为原值比例;图形画得比相应实物大时,比值大于1,称为放大比例;图形画得比相应实物小时,比值小于1,称为缩小比例。

(2) 比例的选用及应用举例

为了在图样上直接获得实际机件大小的真实概念,应尽量采用1:1的比例绘图。如不宜采用1:1的比例时,可选择放大或缩小的比例。但标注尺寸一定要注写实际尺寸。应优先选用“比例系列一”中的比例。

3. 不同比例画出的图形字体

图样中除了用视图表示机件的结构形状外,还要用文字和数字说明机件的技术要求和大小。国家标准对图样中的汉字、拉丁字母、希腊字母、阿拉伯数字、罗马数字的形式作了规定。图样上所注写的汉字、数字、字母必须做到:字体工整、笔划清楚、间隔均匀、排列整齐。这样要求的目的是使图样清晰,文字准确,便于识读,便于交流,给生产和科研带来方便。

字体的字号规定了八种:20、14、10、7、5、3.5、2.5、1.8。字体的号数即是字体高度。如10号字,它的字高为10 mm。字体的宽度一般是字体高度的2/3左右。

汉字应写成长仿宋体字,并应采用中华人民共和国国务院正式公布推行的《汉字简化方案》中规定的简化字。汉字的高度 h 不应小于3.5 mm。

字母和数字分斜体和直体两种。斜体的字体头部向右倾斜15°。字母和数字各分A型和B型两种字体。A型字体的笔划宽度为字高的1/14,B型为1/10。

4. 图线

(1) 图线的要求和形式

机械图样中的图形是用各种不同粗细和型式的图线画成的,不同的图线在图样中表示不同的含义。绘制图样时,应参照表2-2中规定的图线型式来绘图。

表2-2 图线型式

图线名称	代码No.	线型	线宽	一般应用
细实线	01.1	————	$d/2$	1. 过渡线; 2. 尺寸线; 3. 尺寸界线; 4. 指引线和基准线; 5. 剖面线
波浪线	01.1	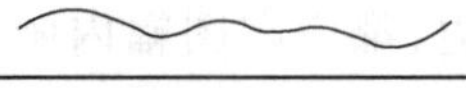	$d/2$	断裂处边界线;视图与剖视图的分界线
双折线	01.1	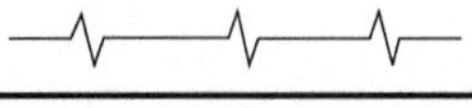	$d/2$	断裂处边界线;视图与剖视图的分界线

续表

图线名称	代码 No.	线型	线宽	一般应用
粗实线	01.2		d	1. 可见棱边线； 2. 可见轮廓线； 3. 相贯线； 4. 螺纹牙顶线
细虚线	02.1	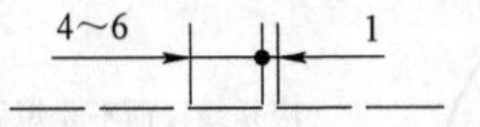	$d/2$	1. 不可见棱边线； 2. 不可见轮廓线
粗虚线	02.2	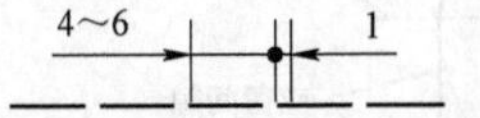	d	允许表面处理的表示线
细点画线	04.1	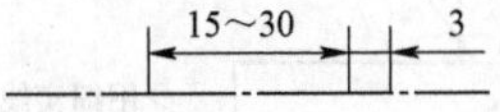	$d/2$	1. 轴线； 2. 对称中心线； 3. 分度圆(线)
粗点画线	04.2	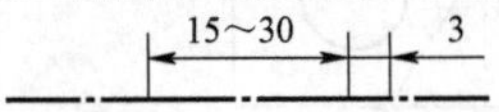	d	限定范围表示线
细双点画线	05.1	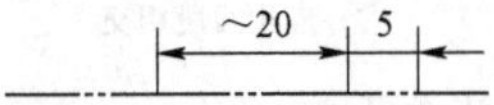	$d/2$	1. 相邻辅助零件的轮廓线； 2. 可动零件的极限位置的轮廓线

（2）图线的线型组别

图线的线型组别如表 2-3 所示。

表 2-3　图线宽度和组别

线型组别	与线型代码对应的线型宽度	
	01.2;02.2;04.2	01.1;02.1;04.1;05.1
0.25	0.25	0.13
0.35	0.35	0.18
0.5	0.5	0.25
0.7	0.7	0.35
1	1	0.5
1.4	1.4	0.7
2	2	1
组别 0.5 和 0.7 为优先采用的图线组别		

（3）图线画法的注意事项及其图例

1）同一图样中同类图线的宽度应基本一致；

2）虚线、点画线及双点画线的线段长度和间距应各自大致相等；

3）点画线、双点画线的首末两端应是线段，而不是短划。点画线、双点画线的点不是点，而是一个约 1 mm 的短划；

4）绘制圆的中心线，圆心应为线段的交点；

5）在较小的图形上绘制点画线或双点画线有困难时，可用细实线代替；

6）虚线与虚线相交、虚线与点画线相交，应以线段相交；虚线、点画线如果是粗实线的延长线，应留有空隙；虚线与粗实线相交，不留空隙；

7）图线的颜色深浅程度要一致，不要粗线深细线浅。画图注意事项的图例见图 2-2。

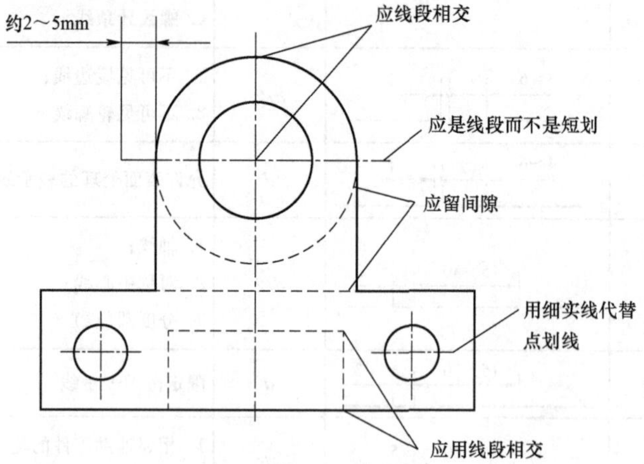

图 2-2　画图注意事项

5．尺寸注法

（1）标注尺寸的基本规则

图形只能反映物体的结构形状，物体的真实大小要靠所标注的尺寸来决定。尺寸的标注要遵循以下几条规则：

1）机件的真实大小，应以图样上所注的尺寸数值为依据，与图形的大小（即所采用的比例）和绘图的准确度无关；

2）图样中（包括技术要求和其他说明文件中）的尺寸，以毫米为单位时，不需标注计量单位的代号或名称。如果采用其他单位，则必须注明相应的计量单位的代号或名称；

3）图样中所标注的尺寸，为该图样所示机件的最后完工尺寸，否则应另加说明；

4）机件的每一尺寸，一般只标注一次，并应标注在反映该结构最清晰的图形上。

（2）尺寸三要素及其图例

标注一个尺寸，一般应包括尺寸界线、尺寸线和尺寸数字三个部分，如图 2-3 所示：

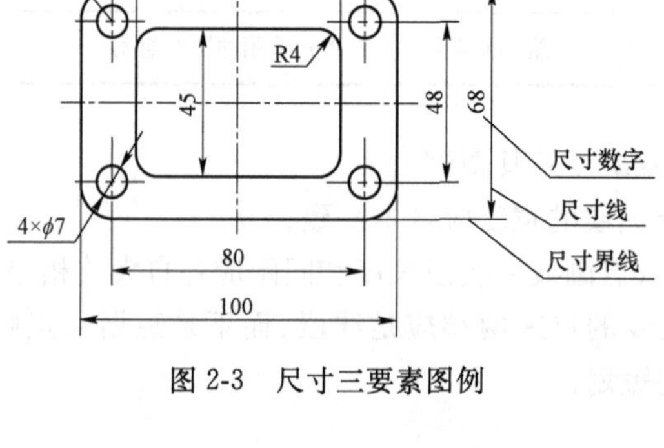

图 2-3　尺寸三要素图例

(3) 尺寸界线

尺寸界线用来限定尺寸度量的范围。

1) 尺寸界线用细实线绘制,由图形的轮廓线、轴线或对称中心线引出。也可利用图形的轮廓线,轴线或对称中心线作尺寸界线,如图 2-4 所示;

2) 尺寸界线一般应与尺寸线垂直。必要时才允许倾斜,如图 2-5 中ϕ70 和ϕ24 尺寸的尺寸界线;

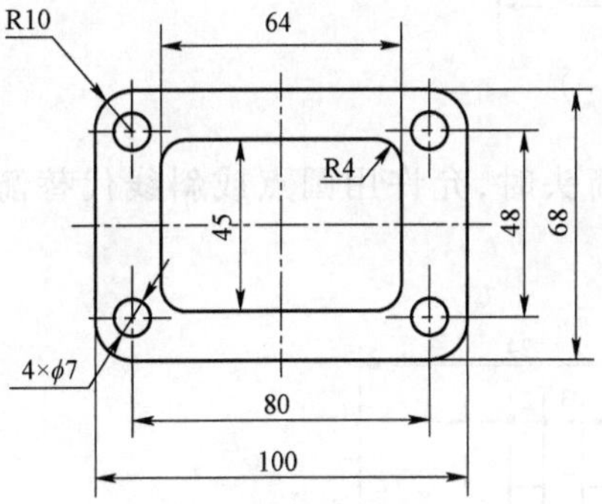

图 2-4　尺寸界线图例(一)

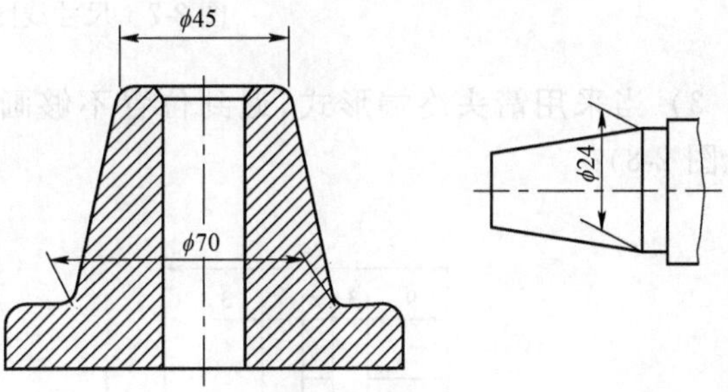

图 2-5　尺寸界线图例(二)

3) 在光滑过渡处标注尺寸时,必须用细实线将轮廓线延长,从它们的交点处引出尺寸界线。

(4) 尺寸线

尺寸线用来表示所注尺寸的度量方向。

1) 尺寸线用细实线绘制,其终端有箭头和斜线两种形式。

箭头终端:适用于各种类型的图样。

斜线终端:必须在尺寸线与尺寸界线相互垂直时才能使用。斜线终端用细实线绘制,方向以尺寸线为准,逆时针旋转 45° 画出。具体见图 2-6(b)所示;

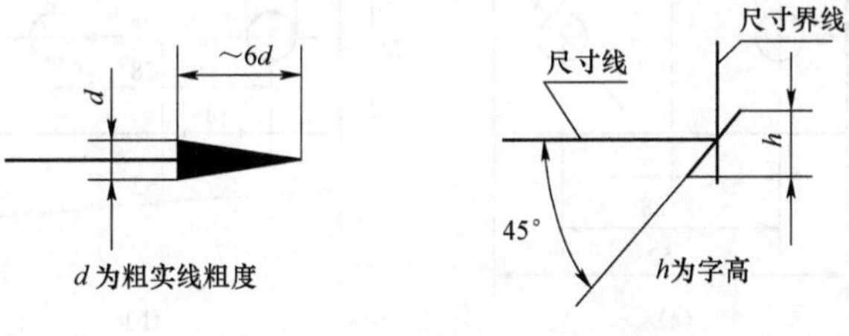

图 2-6　尺寸界线图例(三)

(a) 箭头终端画法;(b) 斜线终端画法

2) 同一图样中,一般只能采用一种终端形式。但当采用斜线终端形式时(见图 2-7),图中圆弧的半径尺寸、投影为圆的直径尺寸及尺寸线与尺寸界线成倾斜的尺寸,这些尺寸线的终端应画成箭头;

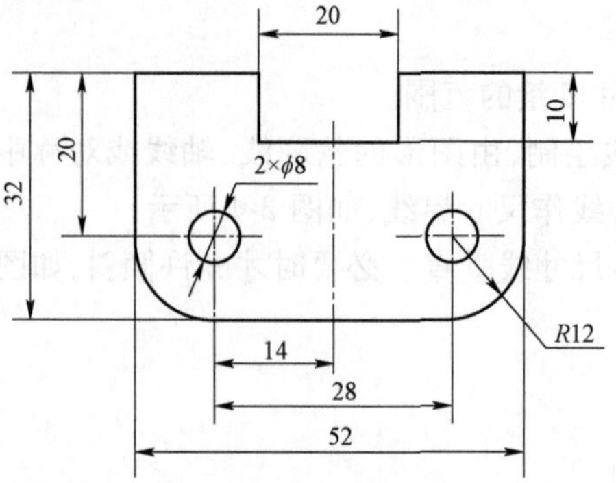

图 2-7　尺寸线图例(一)

3）当采用箭头终端形式，遇到位置不够画出箭头时，允许用圆点或斜线代替箭头(见图 2-8)；

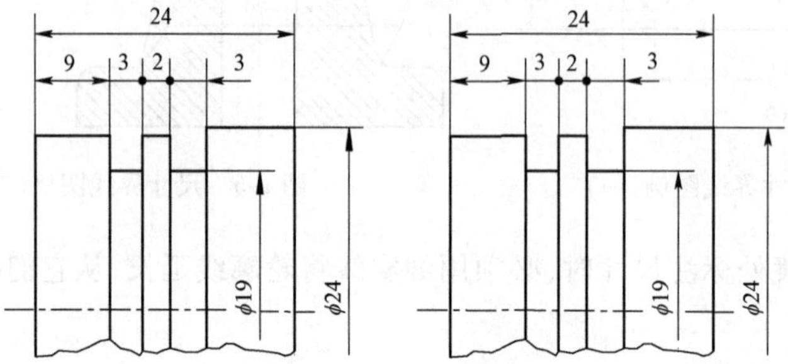

图 2-8　尺寸线图例(二)

4）尺寸线必须单独画出，不能用其他图线代替。一般也不得与其他图线重合或画在其延长线上；标注线性尺寸时，尺寸线必须与所标注的线段平行(见图 2-9)。

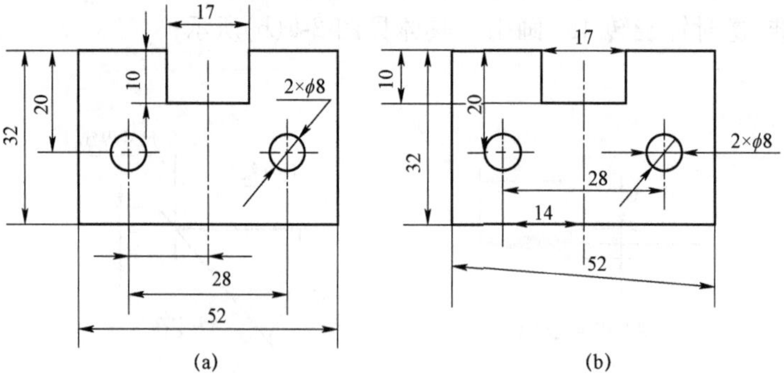

图 2-9　尺寸界线图例(三)

6. 尺寸数字

尺寸数字用来表示所注尺寸的数值，是图样中指令性最强的部分。要求注写尺寸时一定要认真仔细、字迹清楚，应避免可能造成误解的一切因素。注写尺寸数字时应符合下列规定：

(1) 线性尺寸数字的注写位置

水平方向的尺寸,一般应注写在尺寸线的上方;铅垂方向的尺寸,一般应注写在尺寸线的左方;倾斜方向的尺寸一般应在尺寸线靠上的一方。也允许注写在尺寸线的中断处。

(2) 线性尺寸数字的注写方向

线性尺寸数字的注写方向,有两种注写方法:

1) 水平尺寸的数字字头向上;铅垂尺寸的数字字头朝左;倾斜尺寸的数字字头应有朝上的趋势(图例见图 2-10 和图 2-11);

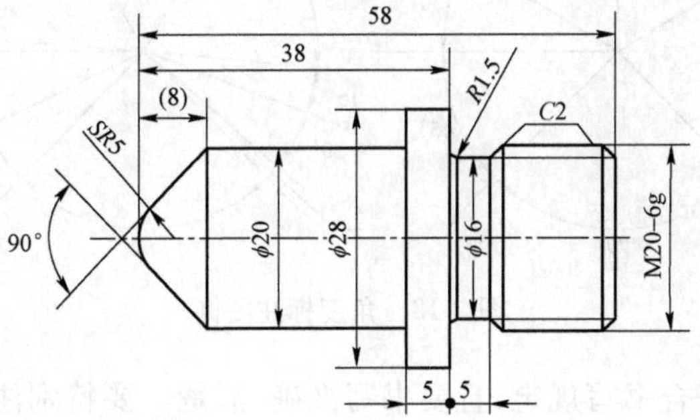

图 2-10　尺寸数字标注图例(一)

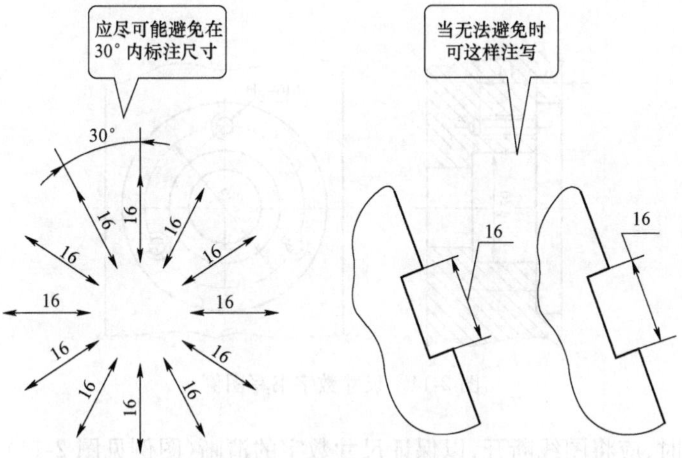

图 2-11　尺寸数字标注图例(二)

2) 对于非水平方向的尺寸,其尺寸数字可水平注写在尺寸线的中断处(图例见图 2-12);

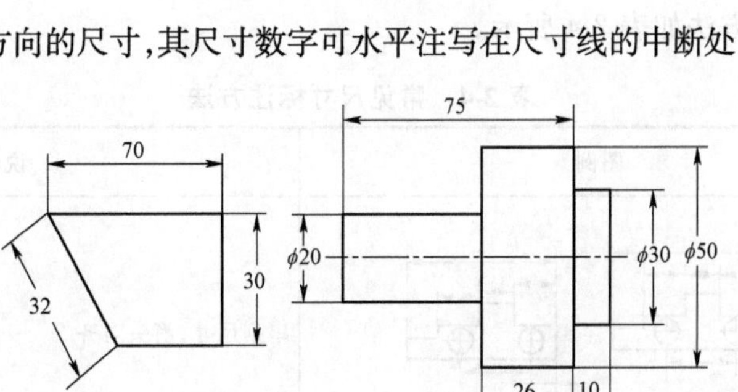

图 2-12　尺寸数字标注图例(三)

注意:一般应尽量采用方法一注写,在不致引起误解时,允许采用方法二注写。

(3) 角度的数字一律写成水平方向,即数字铅直向上。一般注写在尺寸线的中断处,必要时,也可注写在尺寸线的附近或注写在引出线的上方(图例见图 2-13);

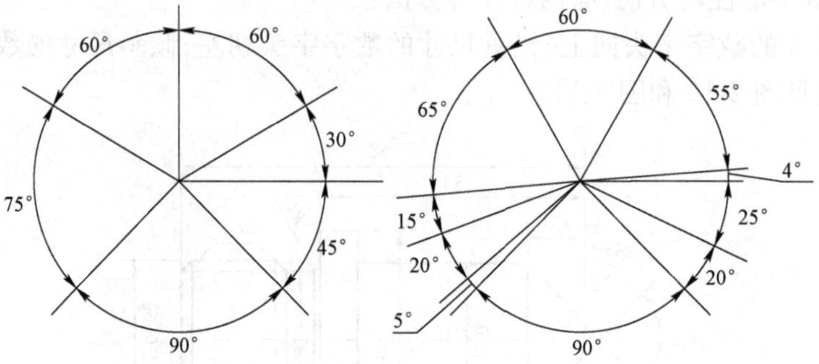

图 2-13　角度标注图例

(4) 尺寸数字要符合书写规定,且要书写准确、清楚。要特别注意,任何图线都不得穿过尺寸数字。

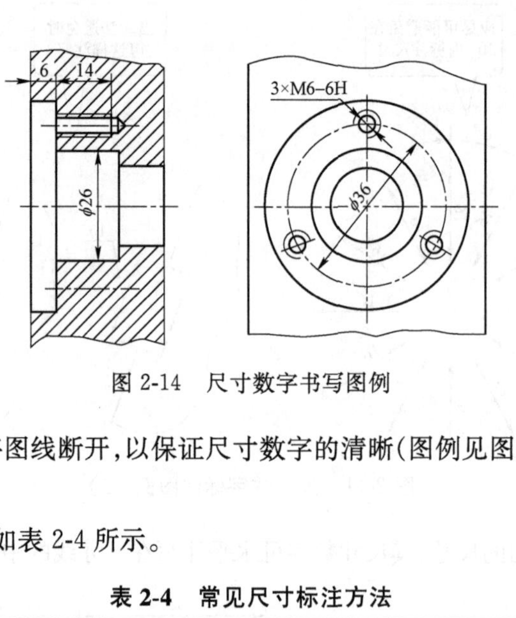

图 2-14　尺寸数字书写图例

当不可避免时,应将图线断开,以保证尺寸数字的清晰(图例见图 2-14)。

7. 常见尺寸注法

常见尺寸标注方法如表 2-4 所示。

表 2-4　常见尺寸标注方法

	图例	说明
直线尺寸的注法	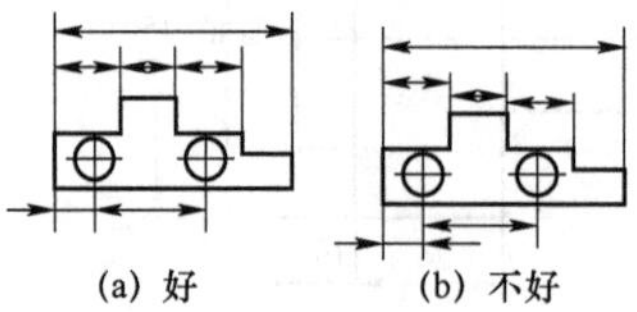 (a) 好　(b) 不好	串列尺寸,箭头对齐

续表

	图例	说明
直线尺寸的注法	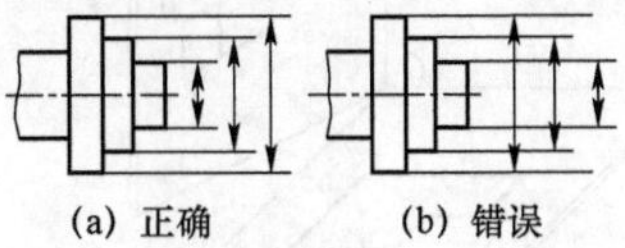 (a) 正确　(b) 错误	并列尺寸，小在内，大在外，尺寸线间隔不小于 7～10 mm
直径尺寸注法	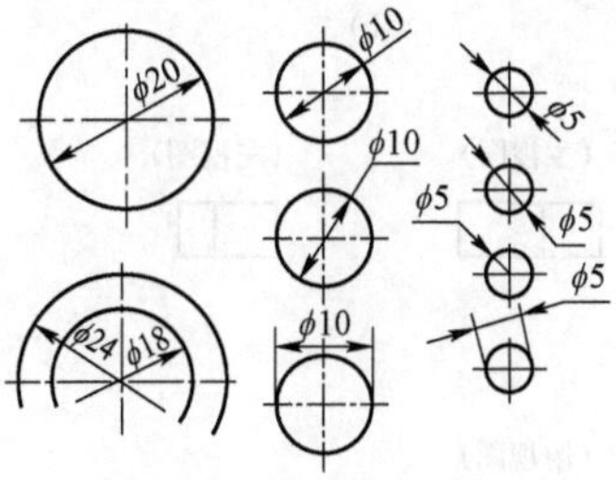	① 标注直径，应在尺寸数字前加注符号“ϕ”； ② 直径尺寸线应通过圆心或平行直径，小圆尺寸线方向应指向圆心； ③ 直径尺寸线与圆周或尺寸界线接触处画箭头终端； ④ 不完整圆的尺寸线应超过半径

8. 机械制图三视图的表示方法

1) 三面投影体系

一般只用一个方向的投影来表达形体是不确定的，通常须将形体向几个方向投影，才能完整清晰地表达出形体的形状和结构。

设立三个互相垂直的投影平面，构成三面投影体系，这三个平面将空间分为八个分角，根据相关国家标准的规定，采用第一角投影法；

2) 三视图的形成

用正投影法，将物体向投影面投射所得到的图形，称为视图(见图 2-15)。

将物体放置于三面投影体系中，并注意安放位置适宜，即把形体的主要表面与三个投影面对应平行，用正投影法进行投影，即可得到三个方向的正投影图。从前向后投影，在 V 面得到正面投影图，叫主视图；从上向下投影，在 H 面上得到水平投影，叫俯视图；从左向右投影，在 W 面上得到侧面投影图，叫左视图。这样就得到了物体的主、俯、左三个视图。

为了把三个投影面上的投影画在一张二维的图纸上，我们假设沿 OY 投影轴将三投影面体系剪开，保持 V 面不动，H 面沿 OX 轴向下旋转 90°，W 面沿 OZ 轴向后旋转 90°，展开三投影面体系，使三个投影面处于同一个平面内。这就是形体的三面正投影图，简称三视图。

3) 三视图之间的投影关系

在三投影面体系中，形体的 X 轴方向尺寸称为长度，Y 轴方向尺寸称为宽度，Z 轴方向尺寸称为高度。在形体的三面投影中，水平投影图和正面投影图在 X 轴方向都反映物体的长度，它们的位置左右应对正，即“长对正”。正面投影图和侧面投影图在 Z 轴方向都反映物体的高度，它们的位置上下应对齐，即“高平齐”；水平投影图和侧面投影图在 Y 轴方向都反映物体的宽度，这两个宽度一定相等，即“宽相等”(见图 2-16)。

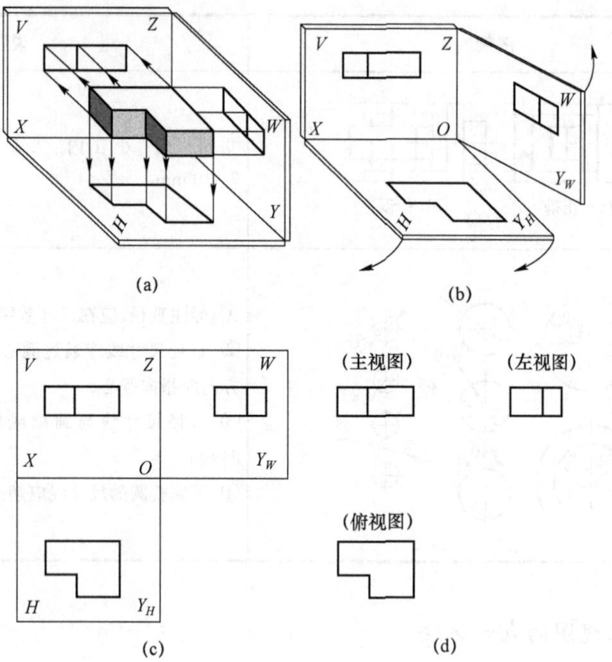

图 2-15　三视图图例

(a) 直观图;(b) 展开投影面;(c) 展开后的三视图;(d) 三视图

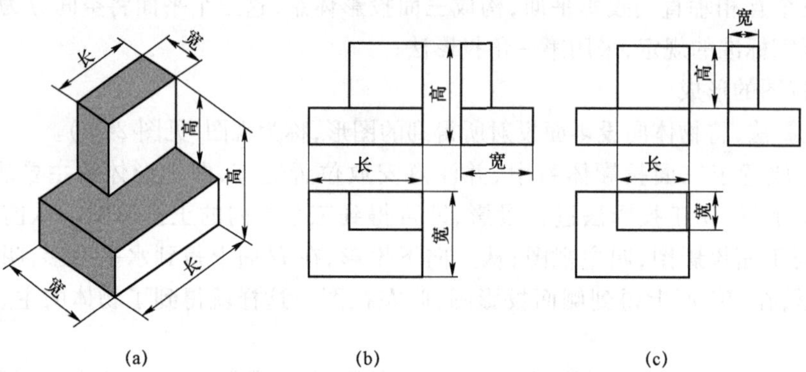

图 2-16　三视图的投影关系

(a) 直观图;(b) 总体三等;(c) 局部三等

这称为“三等关系”,也称“三等规律”,它是形体的三视图之间最基本的投影关系,是画图和读图的基础。应当注意,这种关系无论是对整个物体还是对物体局部的每一点、线、面均符合。

4) 三视图的绘制

绘制形体的三视图时,应将形体上的棱线和轮廓线都画出来,并且按投影方向,可见的线用实线表示,不可见的线用虚线表示,当虚线和实线重合时只画出实线。

绘图前,应先将反映物体形状特征最明显的方向作为主视图的投射方向,并将物体放正，然后用正投影法分别向各投影面进行投影。先画出正面投影图，然后根据“三等关系”，画出其他两面投影。

三面投影图之间存在着必然的联系。只要给出物体的任何两面投影，就可求出第三个投影。

三视图绘制步骤（注意：长对正、高平齐、宽相等）：

① 绘制一条水平的 XY 线，作为主视图和左视图的底线；

② 画出正视图；

③ 在主视图的右下角引与 XY 水平线成 45° 的斜线；

④ 画出俯视图；

⑤ 画出左视图。

国家标准规定了机械零件的各种表达方法，本节将介绍视图，剖视，断面图及简化画法等常用表达方法。绘图时，可根据机件的结构特点选择一组适当的表达方法。

1. 视图

(1) 基本视图的概念

在三视图（主视图、俯视图、左视图）的基础上增加右视图（从右向左投影）、仰视图（从下向上投影）和后视图（从后向前投影），如图 2-17 所示。

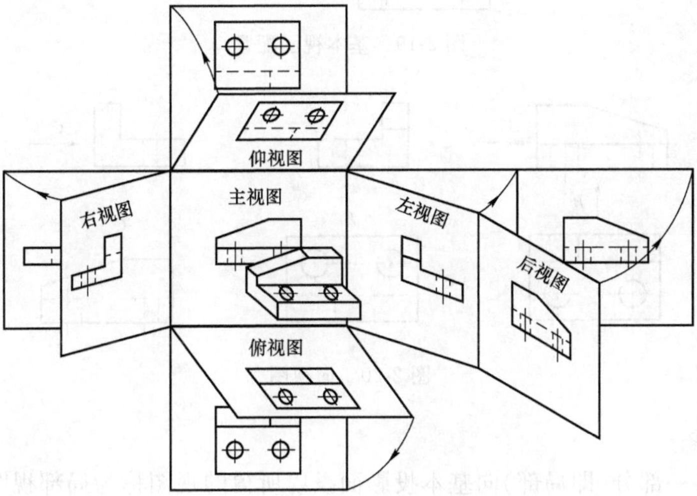

图 2-17　六个投影面展开图

(2) 基本视图的投影关系

1) 投影关系：仍遵守“长对正，高平齐，宽相等”的原则；

2) 方位关系：除后视图外，靠近主视图是后面，远离主视图是前面（图例见图 2-18）。

(3) 基本视图的画法及标注

1) 基本视图的配置：六个基本视图的配置位置关系如图 2-19 所示：

2) 向视图：可自由配置的视图称为向视图。画向视图时，应在视图上方标出视图的名称“×向”，同时在相应的视图附近用箭头指明投射方向，并注上相同的字母，如图 2-20 所示。

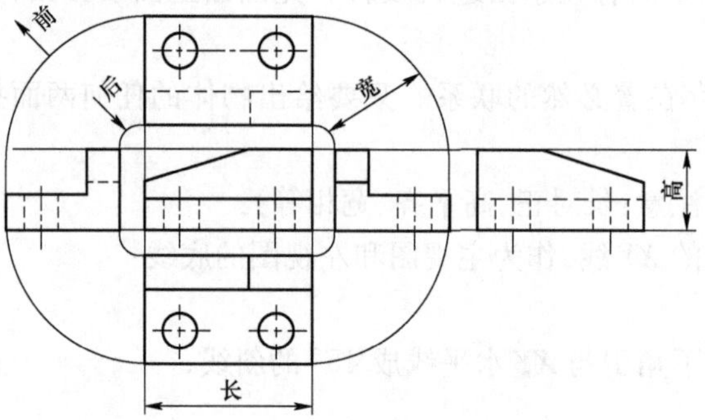

图 2-18 基本视图的投影关系图例

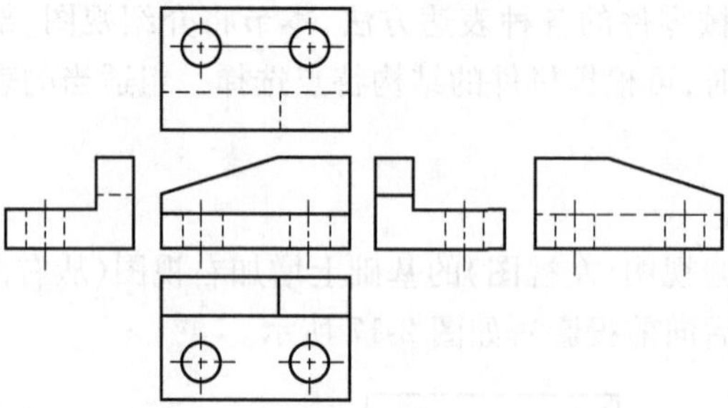

图 2-19 基本视图配置

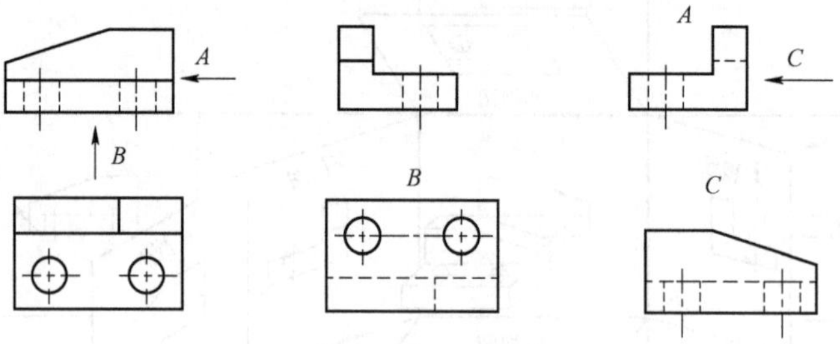

图 2-20 向视图

3）局部视图

将机件的某一部分(即局部)向基本投影面投射所得的视图称为局部视图。局部视图的画法及标注的主要步骤如下：

① 用带字母的箭头指明要表达的部位和投影方向,并标注视图名称“*X*”。

② 局部视图的范围用波浪线来表示。当表达的局部结构是完整的且外轮廓封闭时,波浪线可省略。

③ 局部视图可按基本视图的配置形式配置,也可按向视图的配置形式配置。

2. 剖视图

在用视图表达机件时,其内部结构都用虚线来表示,内部结构形状越复杂,视图中就会出现许多虚线,这样会影响图面清晰,不便于看图和标注尺寸。

为了减少视图中的虚线,使图面清晰,可以采用剖视的方法来表达机件的内部结构和形状。

(1) 剖视图的基本概念

假想用剖切面剖开机件,将处在观察者和剖切面之间的部分移去,而将其余部分全部向投影面投影所得的图形称剖视图,并在剖面区域内画上剖面符号。

(2) 剖视图的画法

1) 确定剖切面的位置;

2) 将处在观察者和剖切面之间的部分移去,而将其余部分全部向投影面投射;不同的视图可以同时采用剖视;

3) 在剖面区域内画上剖面符号,剖视图中的虚线一般可省略;

4) 画剖面符号:不同的材料有不同的剖面符号,有关剖面符号的规定见表 2-5。在绘制机械图样时,用得最多的是金属材料的剖面符号。

表 2-5　剖面符号

金属材料(已有规定剖面符号者除外)		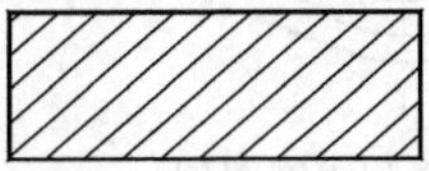	胶合板(不分层数)	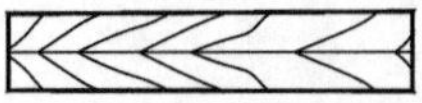
线圈绕组元件		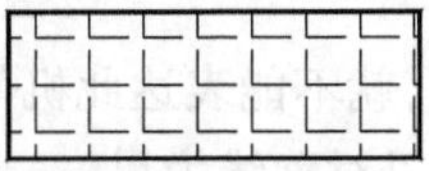	基础周围的混土	
转子、电枢、变压器和电抗器等的迭钢片			混凝土	
非金属材料(已有规定剖面符号者除外)			钢筋混凝土	
型砂、填砂、粉末冶金、砂轮、陶瓷刀片、硬质合金刀片等			砖	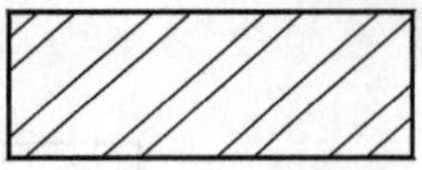
玻璃及供观察用的其他透明材料		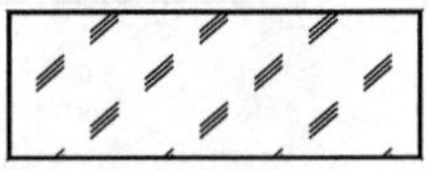	格网(筛网、过滤网等)	
木材	纵剖面	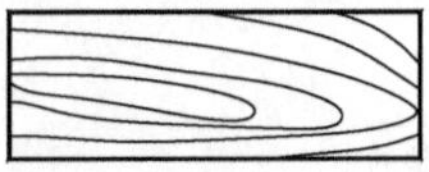	液　体	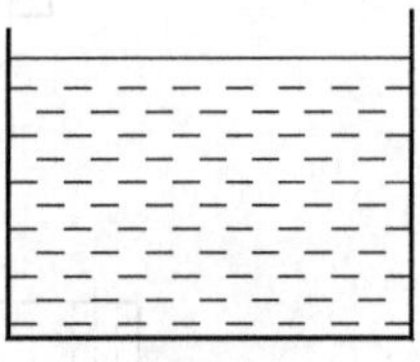
	横剖面			

(3) 剖视图的种类

1) 全剖视图:用剖切平面(一个或几个)完全地剖开机件所得的剖视图称为全剖视图,示例如图 2-21 所示。全剖视图适用于机件外形比较简单,而内部结构比较复杂,图形又不对称的情况。如果单一剖切平面通过机件的对称平面或基本对称平面,且剖视图按投影关系配置,中间又没有其他图形隔开时,可省略标注。

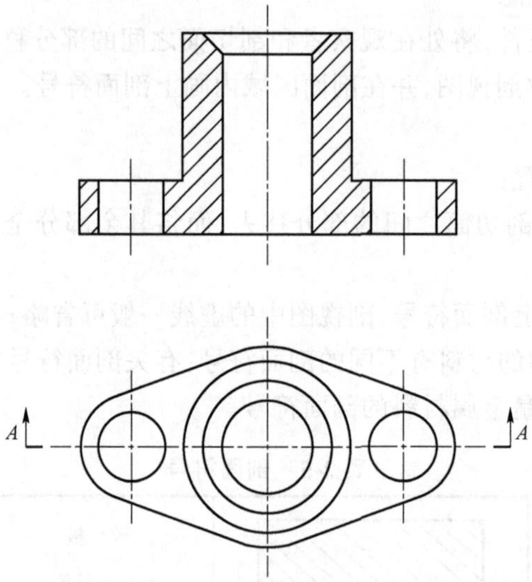

图 2-21　全剖视图图例

2）半剖视图：如图 2-21 主视图采用全剖，就不能表达此机件的外形，即前面的耳板没表达清楚。这时候主视图可以采用半剖视图。以对称线为界，一半画视图，一半画剖视。示例如图 2-22 所示，注意不能用轮廓线代替分界线。

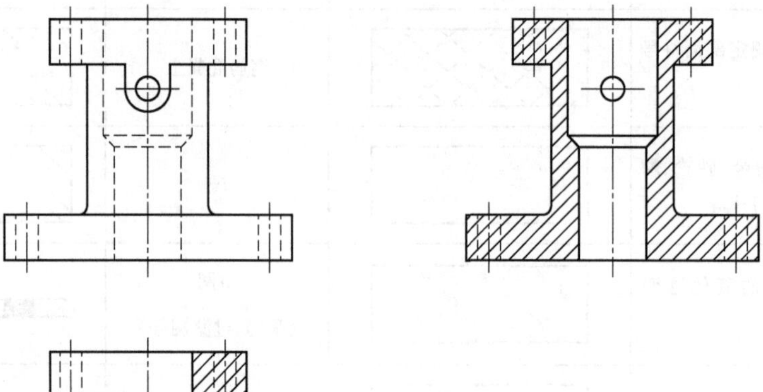

图 2-22　半剖视图图例(二)

3）局部剖视图：用剖切平面局部地剖开机件所得的剖视图称为局部剖视图(简称局部剖)，示例如图 2-23 所示。

画局部剖视图时，剖切平面的位置与范围应根据机件需要而决定，剖开部分与视图之间的分界线用波浪线表示。波浪线表示机件断裂痕迹，因而波浪线应画在机件的实体部分，不能超出视图之外，不允许用轮廓线来代替，也不允许和图样上的其他图线重合。

如图 2-23 中的圆孔需要表达内部结构时可以采用局部剖视图来表达。

4）旋转剖：两相交剖切平面，其交线应垂直于某一基本投影面。用两相交剖切平面剖开机件的剖切方法称为旋转剖，图例见图 2-24。

采用旋转剖法画剖视图时，先假想按剖切位置剖开机件，然后将被剖切平面剖开的倾斜部分结构及其有关部分，绕回转中心（旋转轴）旋转到与选定的基本投影面平行后再投影。

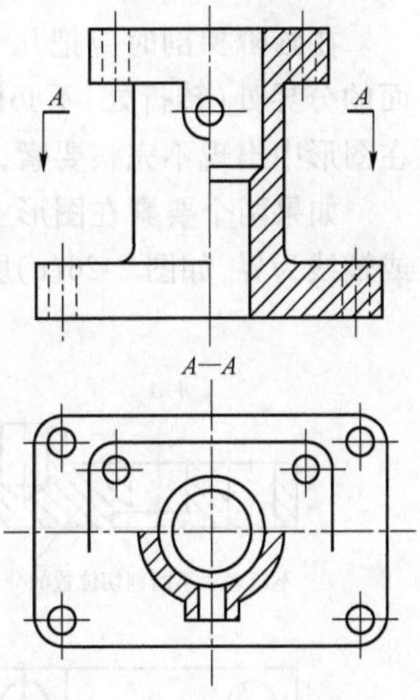

图 2-23　局部剖视图图例

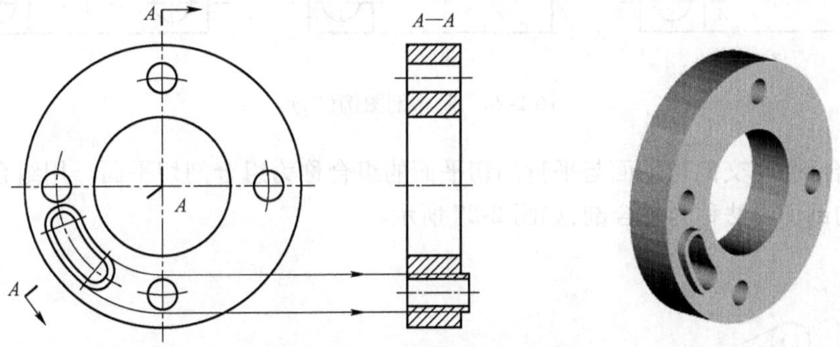

图 2-24　旋转剖图例

5）阶梯剖：如果机件的内部结构较多，又不处于同一平面内，并且被表达结构无明显的回转中心时，可用几个平行的剖切平面剖开机件，这种剖切方法称为阶梯剖，如图 2-25 所示。

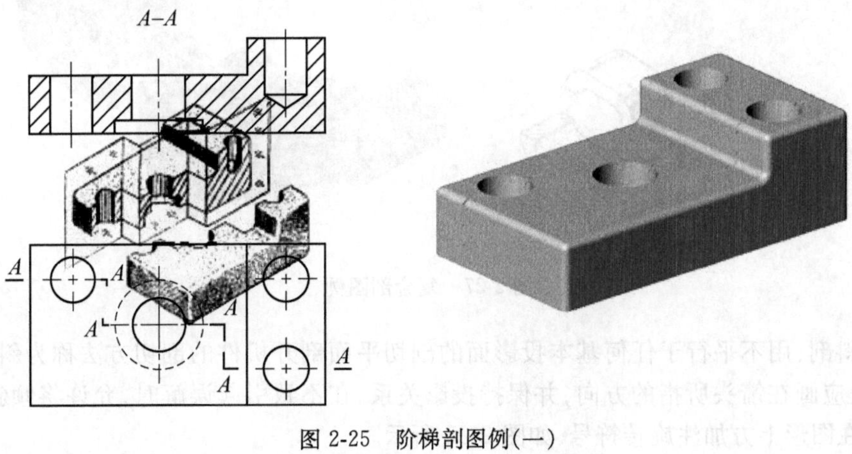

图 2-25　阶梯剖图例（一）

在画阶梯剖时应把几个平行的剖切平面看作一个剖切平面,因此在剖视图中各剖切平面的分界处(转折处)不必画出。还应注意剖切符号不得与图形中的任何轮廓线重合,不应在图形中出现不完整要素,有公共对称中心线或轴线时,可以各画一半,如图 2-26 所示。

如果两个要素在图形上具有公共对称中心线或轴线时,可以各画一半,此时应以中心线或轴线为界,如图 2-26(c)所示。

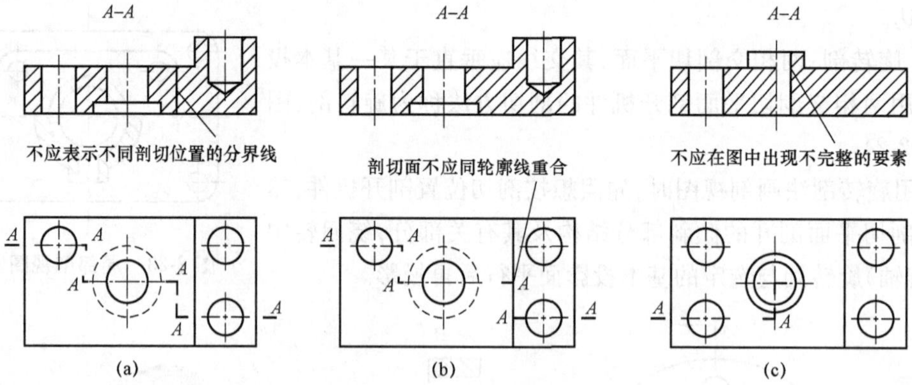

图 2-26　阶梯剖图例(二)

6) 复合剖:相交剖切平面与平行剖切平面的组合称为组合剖切平面。用组合剖切平面剖开机件的剖切方法称为复合剖,如图 2-27 所示。

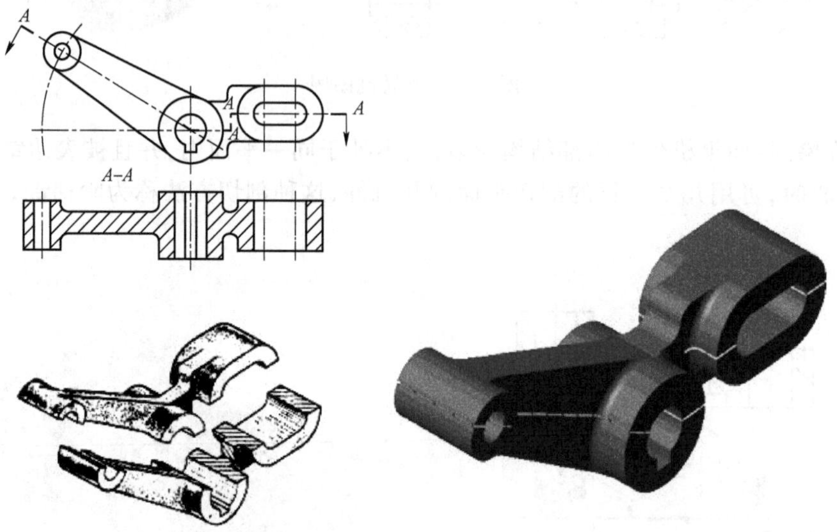

图 2-27　复合剖图例

7) 斜剖:用不平行于任何基本投影面的剖切平面剖开机件的剖切方法称为斜剖,斜剖视图一般应画在箭头所指的方向,并保持投影关系,在不致引起误解时,允许将倾斜图形旋转,但应在图形上方加注旋转符号,如图 2-28 所示。

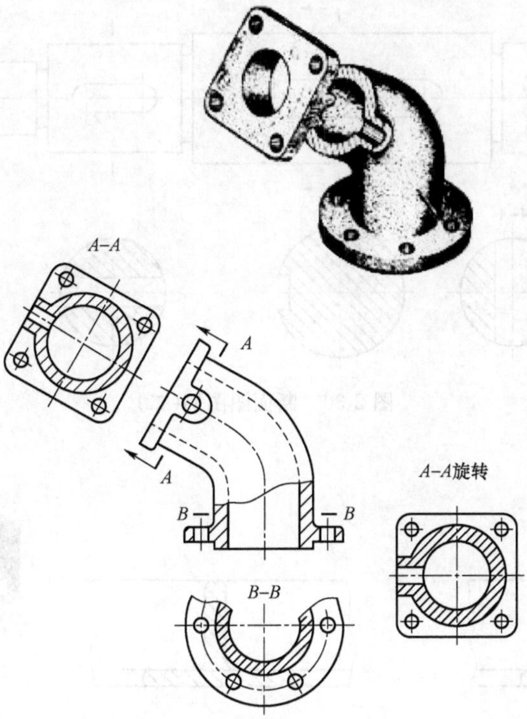

图 2-28　斜剖图例

3. 断面图

假想用剖切平面将机件的某处切断，仅画出断面的图形，这样的图形称为断面图，如图 2-29 所示。

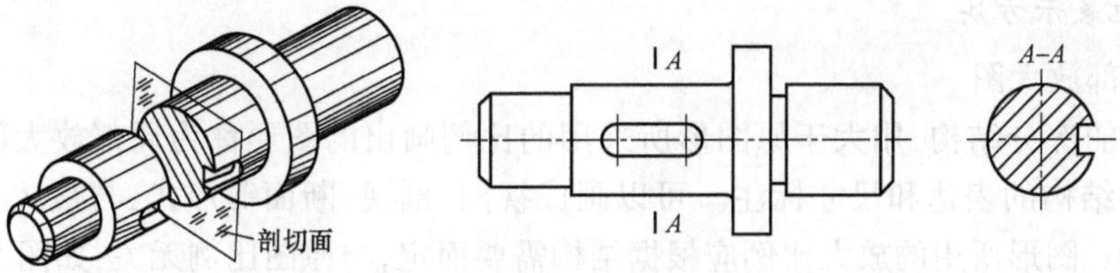

图 2-29　断面图图例(一)

移出断面图配置在视图轮廓线之外，规定轮廓线用粗实线绘制。尽量配置在剖切线的延长线上，也可画在其他适当的位置。

移出断面一般用剖切符号表示剖切的起止位置，用箭头表示投影方向，并注上大写拉丁字母，在断面图的上方用同样的字母标出相应的名称“×–×”，如图 2-30 所示。

重合断面图配置在剖切平面迹线处，并与原视图重合称重合断面。重合断面的轮廓线用细实线绘制，当视图中的轮廓线与重合断面的图形重叠时，视图中的轮廓线仍需完整、连续地画出，不可间断。

重合断面标注时，配置在剖切线上的不对称的重合断面图，可不标注名称(字母)，如图 2-31(a)所示，对称的重合断面图可不标注，如图 2-31(b)所示。

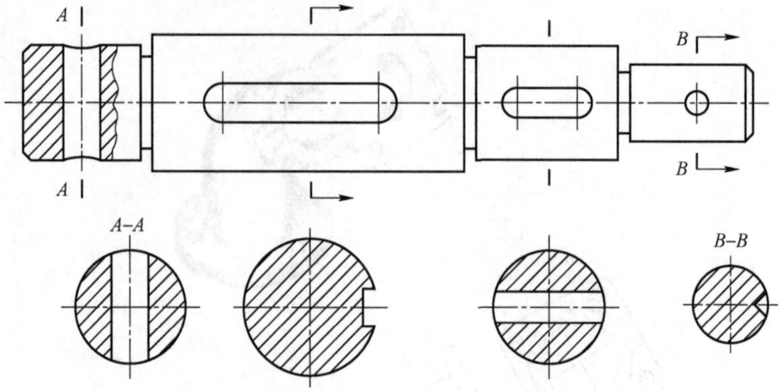

图 2-30 断面图图例(二)

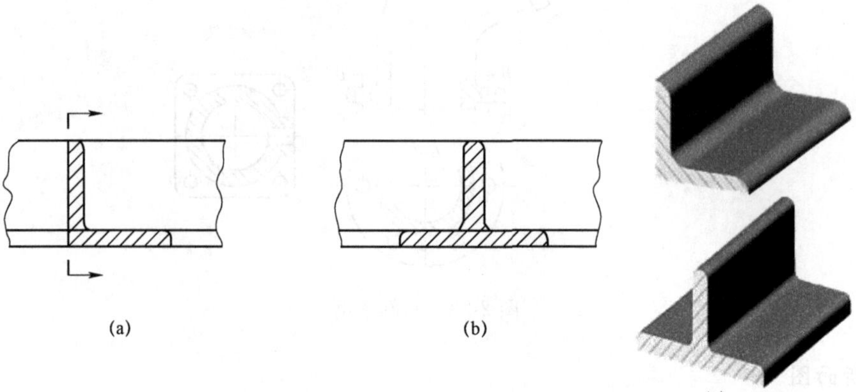

图 2-31 断面图图例(三)

4. 其他表示方法

(1) 局部放大图

将机件的部分结构,用大于原图形所采用的比例画出的图形称为局部放大图。它用于机件上较小结构的表达和尺寸标注。可以画成视图、剖视、断面等形式,与被放大部位的表达形式无关。图形所用的放大比例应根据结构需要而定,与原图比例无关,如图 2-32 所示。

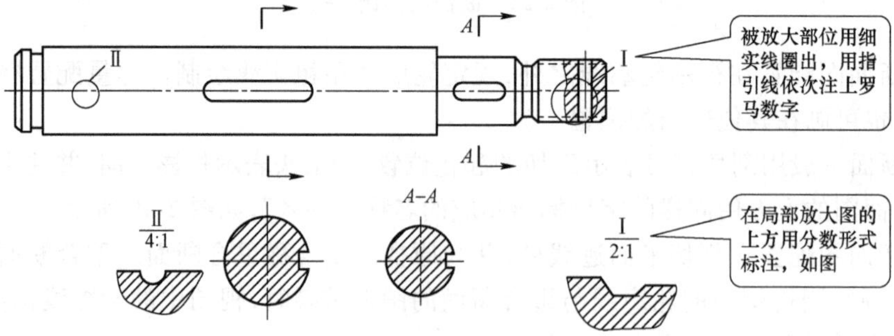

图 2-32 局部放大图图例

(2) 简化画法

1) 剖视图中的简化画法:对于机件的肋、轮辐、薄壁等实心圆杆状及板状结构,如按纵向剖切，肋板不画剖面符号，而用粗实线将它与其邻接部分分开。

当机件上均匀分布在一个圆周上的肋、轮辐、孔等结构不处于剖切平面上时，可将这结构旋转到剖切平面上画出。均匀分布且直径相同的孔，可以只画出一个或几个，其余只需用细点划线表示其中心位置，图例如图 2-33 所示。

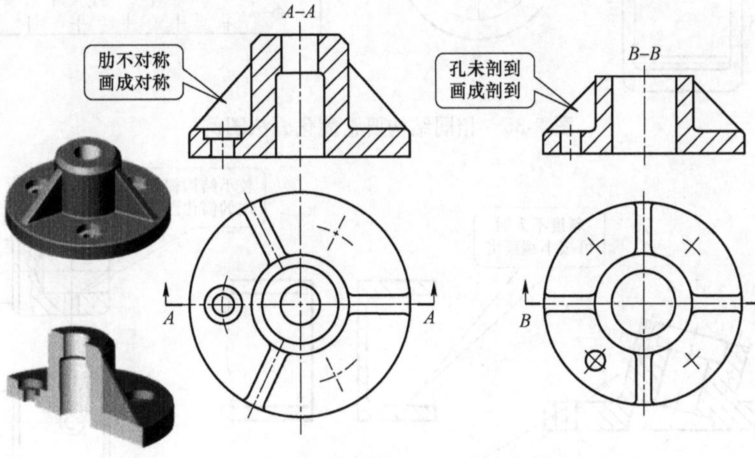

图 2-33　剖视图简化画法图例

2）移出断面中的简化画法：零件图中的移出断面，在不致引起误解的前提下，允许省略剖面符号，但应按前面讲的移出断面标注方法进行标注，如图 2-34 所示。

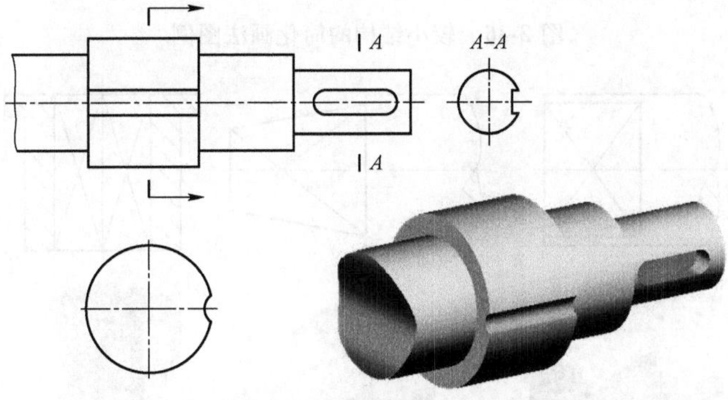

图 2-34　移出断面图简化画法图例

3）相同结构要素的简化画法：机件上若干相同结构（齿、槽、孔等），按一定规律分布时，只需画出几个完整的结构，其余用细实线连接或画出中心线位置，但在图上应注明该结构的总数，如图 2-35 所示。

4）较小结构的简化画法：对于机件上较小结构，如已有其他图形表示清楚，且又不影响读图时，可不按投影而按简化画法画出或省略，图例如图 2-36 所示。

5）当图形不能充分表示平面时，可用平面符号：如图 2-37 所示，机件上的平面，可在轮廓线附近用平面符号（相交两细实线）来表示。

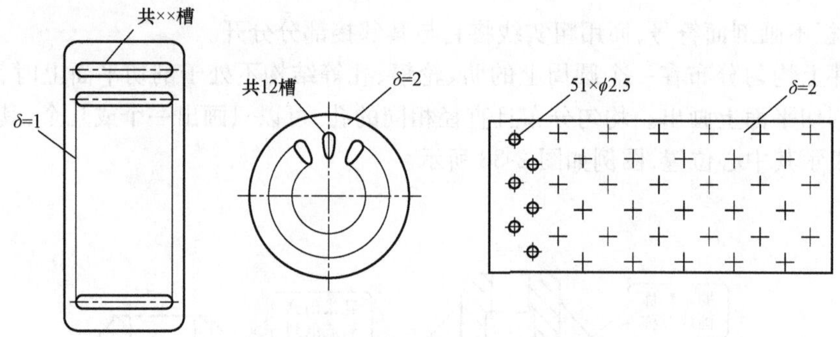

图 2-35 相同结构要素简化画法图例

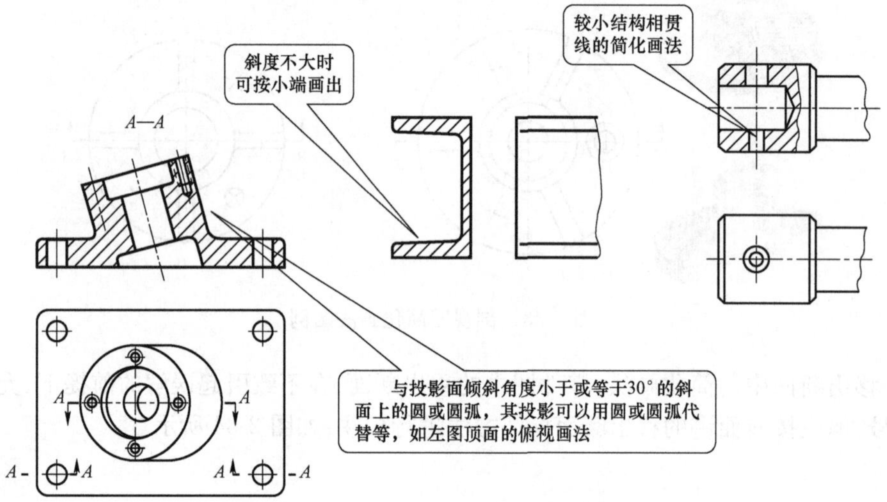

图 2-36 较小结构的简化画法图例

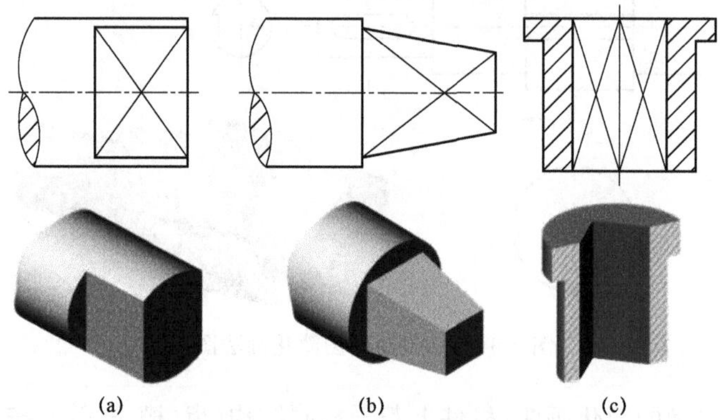

图 2-37 用平面符号表示平面画法

2.2 操作实施 2 常用钳工量具的使用方法

1. 概述

用来测量检验零件和产品的工具叫作量具；具有传动、放大机构的测量工具叫作量仪。

为保证被加工零件的各项技术参数符合设计要求,在加工前后和加工进程中,都必须用量具、量仪进行检测。

(1) 标准量具

这类量具不能测量出零件和产品的实际尺寸,它只代表某一固定尺寸,通常以它作为标准对零件和产品进行比较,从而确定其尺寸和形状是否合格。高精度的标准量具,也可用来校对和调整其他低精度的量具和量仪。例如各种量块、量规等。

(2) 万能量具和量仪

这类量具和量仪,一般都有刻度。在它们的测量范围内,可以测量任何尺寸的零件和产品,测量的结果能得到具体的数值。例如各类游标卡尺、百分表、千分尺、万能工具显微镜等。

量具和量仪根据其结构不同又可分为:刻线量具、游标量具、微动螺旋量具、杠杆机械量具、量规、光学量仪、电动量仪、气动量仪等。随着我国电子工业的发展,一些新型的高精度高灵敏度的电子量仪,如三坐标测量仪等也投入了使用。

量具和量仪的结构种类繁多,精度高低不等,要做到合理地选用量具和量仪,就必须了解各类量具和量仪的内部构造、原理及使用方法。

2. 游标量具

游标量具是一种精度比较高的万能量具。它包括游标卡尺、深度游标卡尺、高度游标卡尺和齿轮游标卡尺等。它是由刻线量具改进而成的,即把原有的刻线量具(钢尺)作为主尺,再附加一把可在主尺上滑动的副尺(游标尺),利用主、副尺上刻线的相对差值来提高量具的读数精度。在主、副尺上各有一只测量定位用的测量基面(量爪或尺座面),用来增加测量时的稳定性,因此游标量具的测量精度较刻线量具高。

(1) 游标卡尺

1) 游标卡尺的用途:游标卡尺可用来测量工件的内、外尺寸(如长度、宽度、厚度、内径和外径),孔距,高度和深度等。它的优点是:使用方便、用途广泛、测量范围大、结构简单和价格低廉等。缺点是:只能测量孔口、槽边或合边等处的尺寸,所以测量部位不全面。常用游标卡尺如图 2-38 所示。

2) 游标卡尺的读数原理和读数方法:游标卡尺的读数机构,是由主尺和游标两部分组成。当活动量爪与固定量爪贴合时,游标上的“0”刻线(简称游标零线)对准主尺上的“0”刻线,此时量爪间的距离为“0”。当尺框向右移动到某一位置时,固定量爪与活动量爪之间的距离,就是零件的测量尺寸。此时零件尺寸的整数部分,可在游标零线左边的主尺刻线上读出来,而比 1 mm 小的小数部分,可借助游标读数机构来读出,现把三种游标卡尺的读数原理和读数方法介绍如下。

① 游标读数值为 0.1 mm 的游标卡尺。如图 2-39 所示,主尺刻线间距(每格)为 1 mm,当游标零线与主尺零线对准(两爪合并)时,游标上的第 10 刻线正好指向等于主尺上的 9 mm,而游标上的其他刻线都不会与主尺上任何一条刻线对准。游标每格间距=9 mm÷10=0.9 mm,主尺每格间距与游标每格间距之差=1 mm−0.9 mm=0.1 mm,0.1 mm 即为此游标卡尺上游标所读出的最小数值,再也不能读出比 0.1 mm 小的数值。

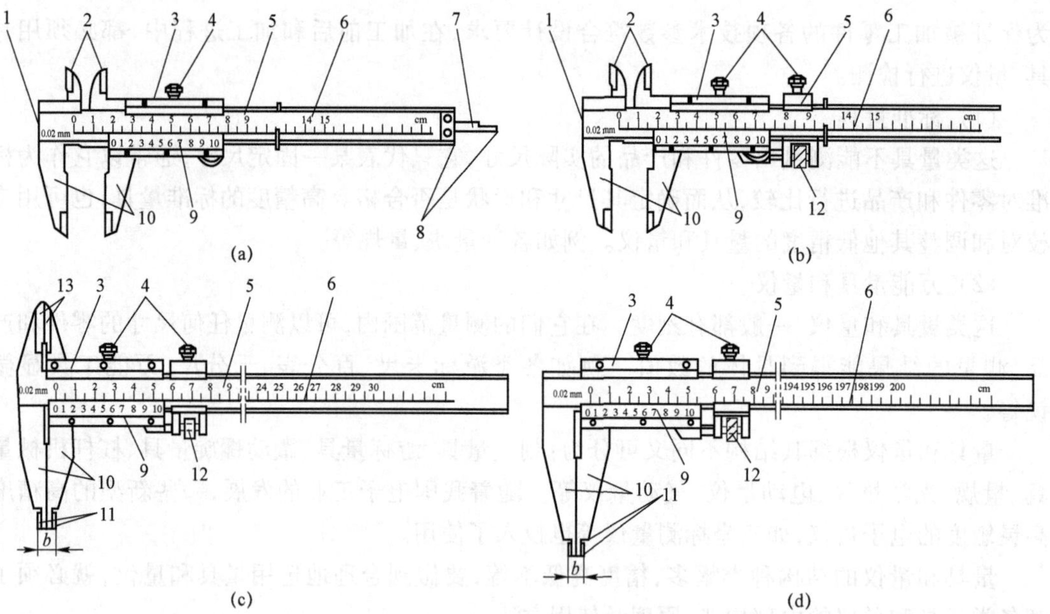

图 2-38 常用读格式游标卡尺

(a) Ⅰ型;(b) Ⅱ型;(c) Ⅲ型;(d) Ⅳ型

1—尺身端面;2—刀口内量爪;3—游框(尺框);4—紧固螺钉;5—尺身;6—主标尺;7—测深直尺;8—深直尺测量面;9—微标尺;10—外量爪;11—圆弧内量爪;12—微动装置;13—刀口外量爪

当游标向右移动 0.1 mm 时,则游标零线后的第 1 根刻线与主尺刻线对准。当游标向右移动 0.2 mm 时,则游标零线后的第 2 根刻线与主尺刻线对准,依次类推。若游标向右移动 0.5 mm,则游标上的第 5 根刻线与主尺刻线对准。由此可知,游标向右移动不足 1 mm 的距离,虽不能直接从主尺读出,但可以由游标的某一根刻线与主尺刻线对准时,该游标刻线的次序数乘其读数值而读出其小数值。例如,图 2-39(b)的尺寸即为:5×0.1=0.5 mm。

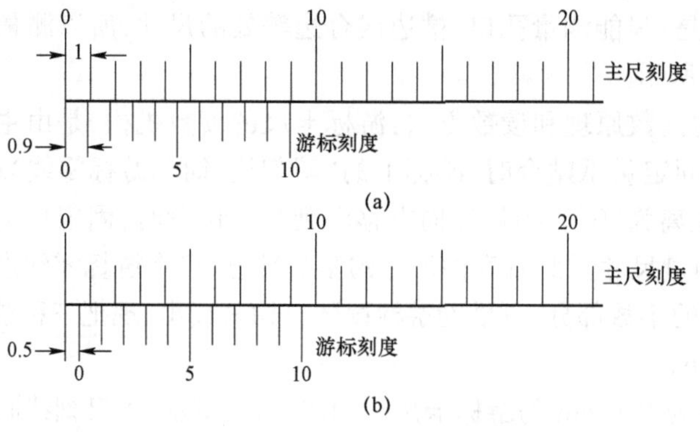

图 2-39 游标读数原理

另有 1 种读数值为 0.1 mm 的游标卡尺,图 2-40(a)所示,是将游标上的 10 格对准主尺的 19 mm,则游标每格=19 mm÷10=1.9 mm,使主尺 2 格与游标 1 格之差=2−1.9=0.1 mm。这种增大游标间距的方法,其读数原理并未改变,但使游标线条清晰,更容易看准读数。

在游标卡尺上读数时,首先要看游标零线的左边,读出主尺上尺寸的整数是多少毫米,其次是找出游标上第几根刻线与主尺刻线对准，该游标刻线的次序数乘其游标读数值，读出尺寸的小数，整数和小数相加的总值，就是被测零件尺寸的数值。

在图 2-40(b)中，游标零线在 2 与 3 mm 之间，其左边的主尺刻线是 2 mm，所以被测尺寸的整数部分是 2 mm，再观察游标刻线，这时游标上的第 3 根刻线与主尺刻线对准。所以，被测尺寸的小数部分为 3×0.1=0.3 mm，被测尺寸即为 2+0.3=2.3 mm。

② 游标读数值为 0.05 mm 的游标卡尺。图 2-40(c)所示，主尺每小格 1 mm，当两爪合并时，游标上的 20 格刚好等于主尺的 39 mm，则游标每格间距=39 mm÷20=1.95 mm，主尺 2 格间距与游标 1 格间距之差=2−1.95=0.05 mm，0.05 mm 即为此种游标卡尺的最小读数值。同理，也有用游标上的 20 格刚好等于主尺上的 19 mm，其读数原理不变。

在图 2-40(d)中，游标零线在 32 mm 与 33 mm 之间，游标上的第 11 格刻线与主尺刻线对准。所以，被测尺寸的整数部分为 32 mm，小数部分为 11×0.05=0.55 mm，被测尺寸为 32+0.55=32.55 mm。

③ 游标读数值为 0.02 mm 的游标卡尺。图 2-40(e)所示，主尺每小格 1 mm，当两爪合并时，游标上的 50 格刚好等于主尺上的 49 mm，则游标每格间距=49 mm÷50=0.98 mm，主尺每格间距与游标每格间距之差=1−0.98=0.02 mm，0.02 mm 即为此种游标卡尺的最小读数值。在图 2-40(f)中，游标零线在 123 mm 与 124 mm 之间，游标上的 11 格刻线与主尺刻线对准。所以，被测尺寸的整数部分为 123 mm，小数部分为 11×0.02=0.22 mm，被测尺寸为 123+0.22=123.22 mm。

我们希望直接从游标尺上读出尺寸的小数部分，而不要通过上述的换算，为此，把游标的刻线次序数乘其读数值所得的数值，标记在游标上，这样使读数就方便了。

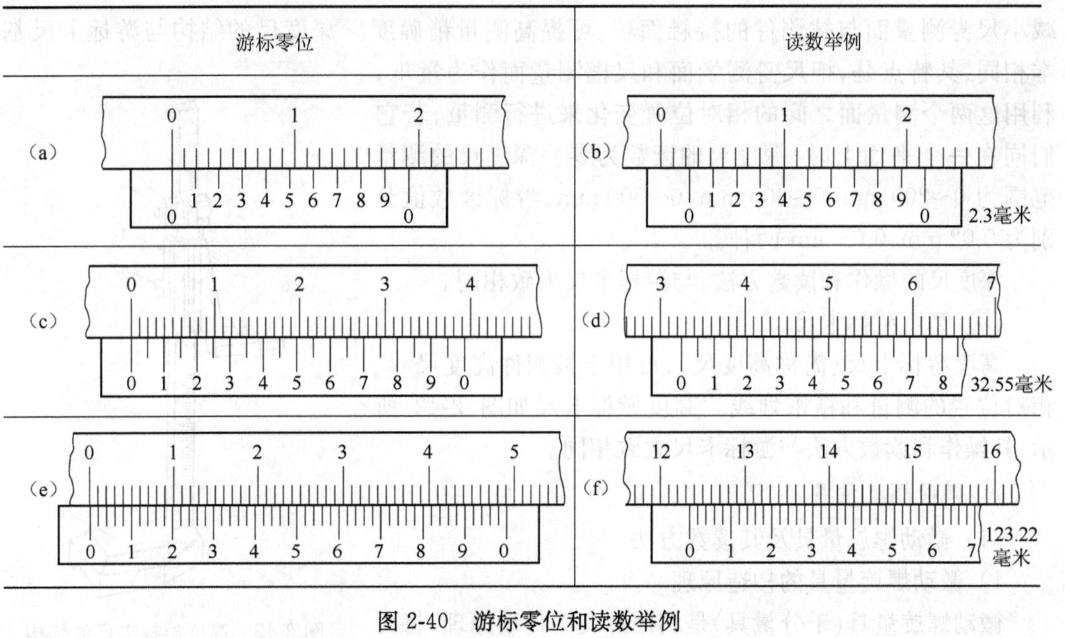

图 2-40　游标零位和读数举例

3）读游标量具注意事项

① 主尺上标的数是厘米，要化为毫米。

② 当游标上有两根线同时与主尺上两根刻线重合时，则取游标两根重合线之和的一半作为读数。

③ 为减小视差，除从设计上改进游标结构外，读数时，眼睛要垂直于刻线进行读数。

(2) 深度游标卡尺

1) 深度游标卡尺的用途

深度游标卡尺(简称深度尺)可以测量孔(阶梯孔、盲孔)和槽的深度、台阶高度以及轴肩长度等。它的结构简单、使用方便，也是机械制造中常用的量具。

2) 深度游标卡尺的结构形式

如图 2-41 所示，国产的深度游标卡尺的尺身上有毫米刻线，它的测量端都削掉一角，以

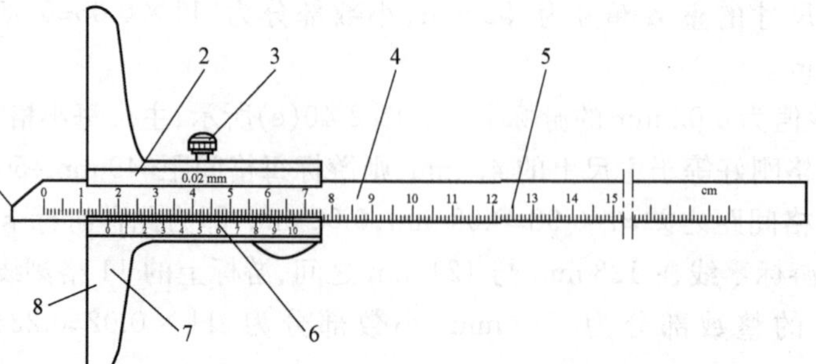

图 2-41 深度游标卡尺的结构

1—测量面；2—尺框；3—紧固螺钉；4—游标；5—主标尺；6—游标尺；7—基座(尺座)；8—基准面

减小尺身测量面与被测件的接触面积，可提高测量精确度。深度尺的结构与游标卡尺基本相同，其特点是，把尺身测量面和尺框测量面作为量爪，利用这两个测量面之间的相对位置变化来进行测量，若它们同在一个平面上时，深度尺的读数为零。深度尺的测量范围为 0～200 mm、0～300 mm、0～500 mm，游标读数值分别为 0.02 mm、0.05 mm 两种。

深度尺的操作和读数方法，与游标卡尺大致相同。

(3) 高度游标卡尺

高度游标卡尺(简称高度尺)，可用于被测件高度尺寸、相对位置的测量和精密划线。高度游标卡尺如图 2-42 所示，其操作和读数方法与游标卡尺大致相同。

3. 微动螺旋量具

(1) 微动螺旋量具及其读数方法

1) 微动螺旋量具的构造原理

微动螺旋量具(千分量具)是利用螺旋副传动原理，将测微螺杆的旋转运动变成其直线位移来进行测量的量具，如图 2-43 所示。

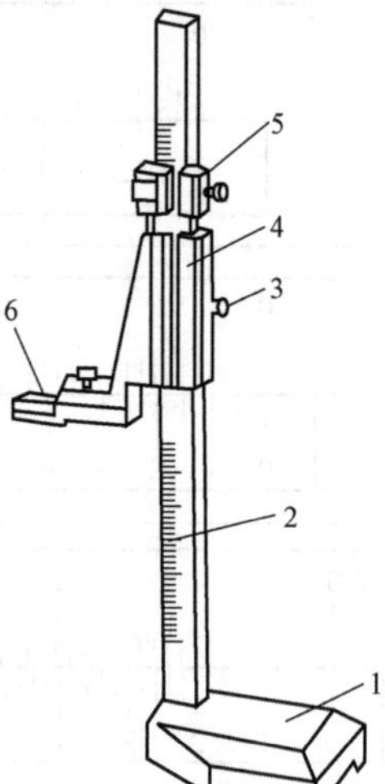

图 2-42 高度游标卡尺的结构

1—底座；2—尺身；3—坚固螺钉；4—尺框；5—微动装置；6—量爪

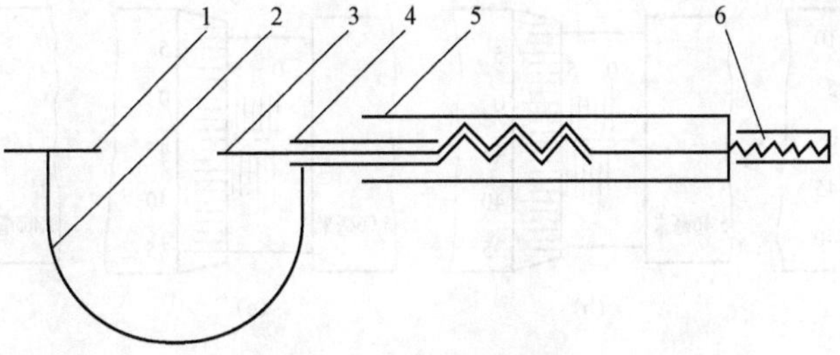

图 2-43　千分量具原理

1—测砧；2—弓架；3—测杆；4—固定套筒；5—微分筒；6—测力机构

测微螺杆旋转时，测杆在轴心线方向上移动的距离与螺杆的转角成正比：$L=\frac{\varphi}{2\pi}P$

式中，L 为测杆在轴心线方向的位移量，mm；P 为螺杆螺距，mm；Φ 为螺杆转角，rad。

千分量具的测微螺杆的螺距一般为 0.5 mm，微分筒锥体斜面的圆周上均匀地刻有 50 根线，故每格的值为 0.01 mm。0.01 mm 是百分之一毫米，所以千分量具应称为百分量具才是名副其实，但习惯上称其为千分量具。

2）千分量具的读数方法

千分量具是利用微分筒与固定套筒相互配合来进行读数的。

在固定套筒表面上，刻有一根与其轴线平行的纵向刻线（基线），在该线的两侧均匀地刻有线，两相邻刻线间的距离为 0.5 mm，这就是千分量具的主尺分度值。

使用千分量具，首先要校对其"零"位，以检查其在起始位置是否准确。现以 0～25 mm 的外径千分尺为例，来说明千分量具校对"零"位的方法。

擦净测砧和测杆两测量面，转动微分筒，当两测量面快要接触时，转动测力机构，使两测量面轻轻接触，当测力机构发出"咔咔"的爬动声后，即可进行读数。这时微分筒上的"零"刻线应与固定套筒的基线重合，微分筒端面也恰好与固定套筒的"零"刻线的右边缘相切，或者微分筒的端面离开（离线）或盖住（压线）固定套筒的"零"刻线，但"离线"不得大于 0.01 mm，"压线"不得大于 0.05 mm。

对于螺距是 0.5 mm 的千分量具，微分筒转一周，其测杆位移 0.5 mm。

读千分量具和读游标量具一样，也应分 3 步进行：

① 读整数。微分筒端面是读整数值的基准。读整数时，看微分筒左边固定套筒上露出的刻线的数值，该数值就是主尺的整数值。

② 读小数。固定套筒上的基线是读小数的基准。读小数时，看微分筒上是哪一根刻线与基线重合。如果固定套筒上的 0.5 mm 刻线没有露出来，那么微分筒上与基线重合的那根线的数目即是所求的小数。如果 0.5 mm 刻线已露出来，那么从微分筒上读得的数还要加上 0.5 mm 后，才是主尺的小数。当微分筒上没有任何一根刻线与基线重合时，应该进行估读到小数点第三位。

③ 求和。将上述两次读数相加，即为所求的数值。千分量具的读数示例如图 2-44 所示。

（2）外径千分尺

外径千分尺用来测量外径和长度尺寸，如图 2-45 所示。其测量范围以每 25 mm 为单位进行分档；读数精度为 0.01 mm。

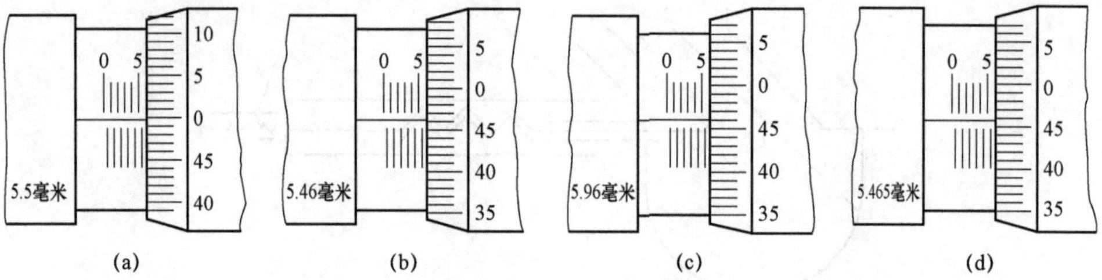

图 2-44 千分量具的读数示例

外径千分尺主要由固定测砧 1、测杆 2、止动器 3、弓形架 4 等零件组成。测量时把被测件放入量测杆之间，先用固定测砧抵住被测件的某一面，然后转动测微头转帽，直到被测件另一面与活动测杆接触，测微头发出喀喀的声响时，即可读数。外径千分尺的使用示例如图 2-46 所示。

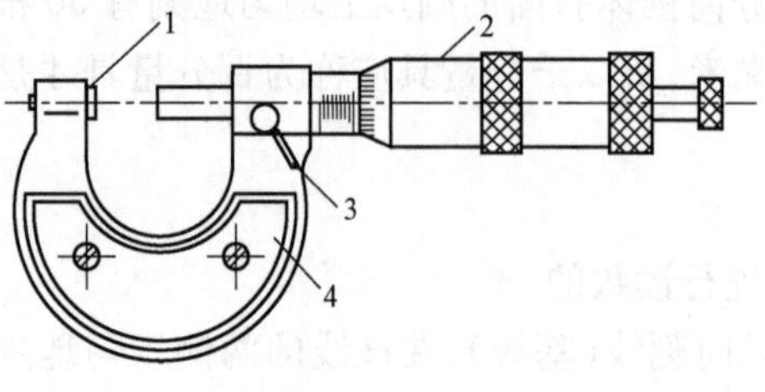

图 2-45 外径千分尺

1—测砧；2—测杆；3—止动器；4—弓架

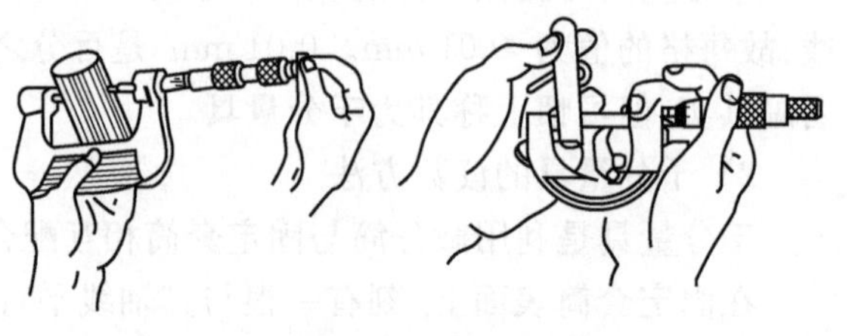

图 2-46 外径千分尺的使用实例

(3) 内径千分尺

内径千分尺用于测量内径和槽宽尺寸，如图 2-47 所示。它一般分为单杠型、管接式和接杆型三种。其测量范围有 50～300 mm、50～1 500 mm、100～5 000 mm 等几种，读数精度为 0.01 mm。

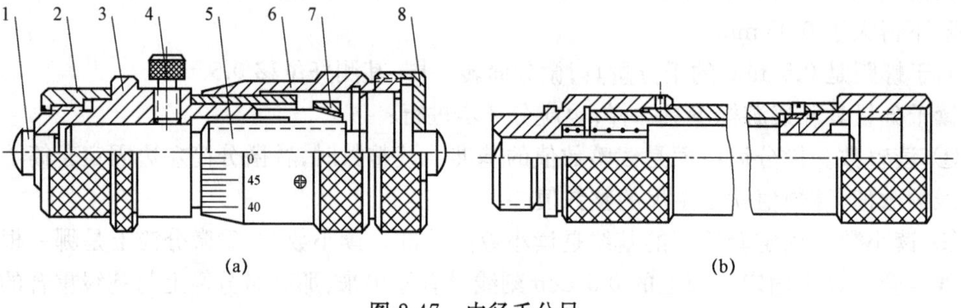

图 2-47 内径千分尺

(a) 微分头；(b) 接长杆

1—固定测头；2—螺母；3—固定套管；4—锁紧装置；5—测微螺杆；6—微分筒；7—调节螺母；8—后盖

内径千分尺由微分头和各种尺寸的接长杆组成。微分头与测微头结构相似，但因无测力装置，故内径千分尺的测量误差比外径千分尺大。

内径千分尺测量前，应根据被测件孔径大小选择合适的接长杆，并尽量使接长杆的数量最少来组成所需要的尺寸，以减少积累误差。

（4）使用微动螺旋量具的注意事项

由于微动螺旋量具主要用于零件的精密测量，因此使用时应特别注意检查量具本身的精度和使用。

4. 指示式量具

指示式量具的结构形式多种多样，但工作原理相同，都是利用齿轮齿条、杠杆或扭簧等的转动，把测量杆的微小直线移动转变为指针的转动，从而使指针在表盘上指示出相应的数值。

根据结构和用途的不同，指示式量具一般可分为百分表、千分表、杠杆百分表、杠杆千分表、内径百分表、内径千分表等。下面以百分表进行举例。

（1）百分表

百分表是工厂中使用非常普遍的一种精密量具。它不仅具有指示式量具的一般特点，而且使用简单、制造维修方便、测量范围也较大，不仅能用作比较测量，也能用作绝对测量。缺点是：回程误差较大，精度的提高受到本身结构的限制，因此不宜用于精度很高的测量工作。百分表的分度值为 0.01 mm，所以称为百分表；由于外形和钟表相似，又称为钟表式百分表。

百分表的用途，主要是测量被测件的长度尺寸、形状误差和位置误差，也可用于检验机床等设备的几何精度或调整工件的装夹位置，以及用来检验各种夹具及专用量仪的读数装置等。

使用百分表测量时，大致可按下列步骤进行：

1）检查测量平台或平面、百分表支架的底面和被测件表面是否有毛刺、碰伤或脏物等，应逐一擦干净；

2）根据被测部位和尺寸，对支架安装表的位置进行粗调；

3）检查百分表，并擦净测量头、测量杆和套筒；

4）把百分表固定在表架上，调整好位置，使测量头与基准面接触（如果是调整或检验精度时，可直接与被测表面接触），并有一定的预压量；

5）检查百分表位置的正确性、测量杆移动的灵敏性和指示数值的稳定性；

6）如果需要指针对零位，应重新检查指示数值的稳定性。如为比较测量时，还要轻轻提起测量杆取出量块。到此就完成了百分表的安装或调整工作；

7）提起测量杆，把被测件移到测量头的下方，并轻轻放下测量杆直到与被测件表面接触为止；

8）记下百分表的读数，并检查示值的稳定性。

（2）杠杆百分表

杠杆百分表俗称内圆丝表，主要用来测量零件的几何形状和相互位置偏差。由于它的测杆可以移动，而且可以按照测量位置调整测量端的方向，因此也常用来测量百分表难以测量的各种小孔、凹槽和孔距的尺寸。

杠杆百分表按表盘的位置与测杆运动方向间的关系可以分为侧面式、正面式和端面式 3 种。其中正面式和端面式是最常用的两种。杠杆百分表的测量范围分 0.8 mm 和 1 mm 两种，读数值为 0.01 mm。

杠杆百分表的读数原理与百分表相似，即当球面测量端位移 1 mm 时，指针 8 正好转动一圈。表盘 7 圆周刻成 100 等分刻线，则每格也为 0.01 mm。

(3) 内径百分表

内径百分表俗称汽缸表。它是一种利用比较法测量内孔尺寸和几何形状的量具。其测量范围有 0～10 mm、10～18 mm、18～35 mm、35～50 mm、50～100 mm 和 100～160 mm 等几种，读数精度为 0.01 mm。

内径百分表按其传动部分的结构形式不同，可以分为杠杆传动式和楔形传动式两种。各种内径百分表的传动部分虽然结构不同，但是其工作原理基本相似。内径百分表一般经一次调整后，能连续测一批公称尺寸相同的零件，而不需要再调整。因此在大量生产中，孔较深或孔的尺寸和几何精度要求较高时，用内径百分表测量要比用内径千分尺测量方便得多。

5. 角度量具

在机械加工中，常用的角度量具有直角尺、角度尺和正弦尺等。

(1) 直角尺

直角尺又称为弯尺、靠尺、90°尺。直角尺主要用于检验垂直度、划线。它结构简单、使用方便，是设备安装、调整以及平台测量中常用的工具之一。

根据结构，直角尺有整体式和装配式两种；按形式分，有矩形角尺、刀口形角尺、宽座角尺、圆柱角尺；按材质分，有钢制角尺和铸铁角尺，在木工中还有木制角尺，铸铁角尺分研磨和刮研两种。

直角尺可直接用于测量，或作为测量基准。使用前，要擦净平板、工件的基准面和被测表面，以及角尺的支承面和测量面。在擦角尺的过程中，要检查角尺的测量面和支承面是否有毛刺、伤痕，如有影响使用的伤痕应送去检修。

测量时，慢慢地将角尺靠在被测件的被测部位上，避免角尺的任何部位与被测件碰撞。角尺与被测件部位靠好后，观察角尺与被测表面之间的间隙大小和出现的部位。根据光隙的大小和出现间隙的部位，判断被测部位的垂直度。

在观察时，会出现 4 种可能的情况：无光；中间部位有很少的光；上端有光；下端有光。第一种情况说明被测面不仅平直度好，而且与基面垂直；第二种情况说明垂直度好，但被测面的平直度不好；后两种情况说明有垂直误差。

使用直角尺要轻拿轻放，在搬动中，不许只提角尺的长边，而应一手托住短边，一手扶长边；直角尺不要倒着放。

(2) 角度尺

角度尺又称角度规、万能角度尺、游标量角器。它用于直接测量各种平面角。角度尺的示值误差：2′的角度尺，示值误差不应超过±2′；5′的角度尺，示值误差不应超过±5′。各种角度尺的结构形式虽不同，但它们的原理基本相同，角度尺属于游标量具。万能角度尺能够测量 0°～320° 范围内的任何角度，所以要根据被测角度的大小正确使用它的各附件进行测量。

使用前，先检查角度尺的各移动零件是否灵活、平稳；是否能可靠地固定在需要的位置上，止动后读数值不变。使用方法如下：

1) 校对零位的方法：擦净基尺和直尺的测量面，使基尺与角尺以及直尺接触于一点，再旋小齿轮，使基尺与角尺的测量面相互严密接触(不透光)，看游标尺的零线与主尺的零线是否重合,如果两条零线重合,且有标尺的尾端刻线也与主尺的相应刻线重合,说明零位准。如果零位不准,就必须调零位。调整方法是:把游标背面的两个螺丝松开,移动游标尺,使它的零线与主尺的零线以及它的尾端刻线与主尺相应刻线重合,然后紧固螺丝,再对零位;

2) 测量 0°～50°间的角度时,被测件放在基尺和直尺的测量面之间;

3) 测量 50°～140°间的角度时,把直尺及卡块取下来,并将角尺往下移,把被测件放在基尺和角尺之间;

4) 测量 140°～230°间的角度时,同样要把直尺及卡块取下来,但要把角尺推上去,直到角尺上端边与长边交界点和基尺的尖端对齐为止,然后把角尺和基尺的测量面靠在被测件的表面上进行测量;

5) 测量 230°～320°间的角度时,要把角尺和卡块全部取下来,直接用基尺和扇形板的测量面对被测件进行测量。

(3) 塞规与卡规

塞规与卡规是用于成批大量生产的一种定尺寸专用量具,通称为量规。塞规是用来测量孔径或槽宽的。它的两端分别称为"过规"和"不过规"。过规的长度较长,直径等于工件的下限尺寸(最小孔径或最小槽宽)。不过规的长度较短,直径等于工件的上限尺寸。用塞规检验工件时,当过规能进入孔(或槽)时,说明孔径(或槽宽)大于最小极限尺寸;当不过规不能进入孔(或槽)时,说明孔径(或槽宽)小于最大极限尺寸。工件的尺寸只有当过规进得去,而不过规进不去时,才说明工件的实际尺寸在公差范围之内,是合格的。否则,工件的尺寸不合格。

(4) 塞尺(探测尺、厚薄规)

塞尺是由一些不同厚度的薄钢片组成的测量工具。在每一片钢片上都刻有厚度的尺寸数字,在一端像扇股那样钉在一起。塞尺是测定两个工件的隙缝以及平板、直角尺和工作物间的隙缝时使用的。塞尺的长度有 50 mm、100 mm 和 200 mm 3 种。厚度是 0.03～0.1 mm 时,中间每片间隔为 0.01 mm;如果厚度是 0.1～1 mm 时,中间每片间隔为 0.05 mm。

使用时,用适当厚度的塞尺插进被测定工件的隙缝里作测定。若没有适当厚度的,可组成数片进行测定(一般不超过三片)。使钢片在隙缝内既能活动,又使钢片两面稍有轻微的摩擦为宜。

使用塞尺时必须先尺面后工件,组合成某一厚度时选用的片数越小越好。另外,塞尺插入间隙时用力不要太大,以免折弯尺片。

(5) 水平仪

水平仪是测量微小倾角的一种量具,主要用于测量或检验相对于水平位置的倾斜角、两表面间的平行度和垂直度以及直线度和平面度等。因此,在机械的制造、安装和修理中,水平仪是最基本的量具之一。

水平仪的类型比较多,有普通水平仪、合像水平仪、光学倾斜仪和电子水平仪(电感式水平仪)等,其中常用的是普通水平仪和合像水平仪。

普通水平仪,可以分为钳工水平仪(又称条形水平仪)和框式水平仪。普通水平仪主要是由主体和水准器两部分组成的。主体内部固定着一个主水准器和一个横向水准器;主水准器的精度高,供测量使用,而横向水准器仅供横向水平位置参考。水准器是一个封闭的弧形玻璃管,里面装有乙醚或酒精等液体,但不装满,还留有一个气泡,叫水准气泡(简称气泡)。不管水平仪放在什么位置上,这个气泡永远停留在玻璃管中的最高点。当水平仪的底面(工作面)放在准确的水平位置时,水准气泡就正好停在玻璃管的中央位置上。若水平仪的底面倾斜,也就是工作面的两端高低不等时,气泡就向高的一端移动,并停留在玻璃管内的最高位置上。倾角小,即两端高低差不多时,气泡移动的距离也小;倾角大,即两端高低相差较多时,气泡移动的距离也大。因此,根据气泡移动的距离,从水准器外表面上就能读出水平仪的倾斜角度或工作面两端高低的差值,这就是水平仪的工作原理。

2.3　操作实施3　钳工基本知识

1. 划线

(1) 划线概述

根据图样要求,在毛坯或工件上划出零件的加工界线,这一操作称为划线。划线分平面划线和立体划线两种。平面划线是在工件的一个表面上划线,立体划线是在工件几个不同表面(通常是互相垂直的表面)上都划线。

划线的精度不高,一般可达到的尺寸精度为 0.25～0.5 mm,因此,不能依据划线的位置来确定加工后的尺寸精度,必须在加工过程中,通过测量来保证尺寸的加工精度。常用划线工具包括钢直尺、划针、平板、划线盘、划规、游标高度尺、90°角尺、样冲、角度尺、定心角尺、定心钟罩、十字中线角尺。

(2) 划线基准

在划线过程中所采用的基准称为划线基准。划线时,应先分析图样,找出设计基准,再确定划线基准,使划线基准尽量与设计基准一致(重合),这样划线时,才能直接量取尺寸,简化尺寸换算,提高划线效率和质量。

无论是平面划线还是立体划线,都应按以下步骤进行:

1) 读图,分析图样,确定划线基准;

2) 检查清理工作并涂色;

3) 选用划线工具,正确安放和装夹工件;

4) 划线;

5) 检查划线的正确性和完整性;

6) 在所划线上合理地打样冲眼。

(3) 划线注意事项

1) 划线前要对工件去除毛刺、清理污垢,防止划伤手指;

2) 为熟悉各图形的作图方法,实际操作前可作一次纸上练习;

3) 学习的重点是保证划线尺寸的准确性;划出的线条细而清晰;保证打样冲眼的准确性;

4) 工具要合理放置。要把左手用的工具放在作业件的左面,右手用的工具放在作业件的右面,并要整齐、稳妥;

5) 任何工件在划线后,都必须做一次仔细的复查校对工作,避免差错。

2. 锯削

用手锯对材料或工件进行切断或切槽等的加工方法叫锯削。

手锯是钳工用来锯削的手动工具，手锯由锯弓和锯条两部分组成，锯弓是用来安装锯条的，它有可调式和固定式两种。锯条在锯削时起切削作用，一般用渗碳钢冷轧而成。锯条的长度规格是以其两端安装孔的中心距来表示的，钳工常用的锯条长度为 300 mm。

(1) 锯削的姿势

1) 握法：右手满握锯柄，左手轻扶在据弓前端，如图 2-48 所示；

2) 压力：锯削时，右手控制推力与压力，左手配合右手扶正锯弓，压力不要过大。返回行程不切削，不加压；

3) 运动和速度：手锯推进时，身体略向前倾，左手上翘，右手下压，回程时右手上抬，左手自然跟回。锯削运动的速度一般约为 40 次/min，锯削硬材料慢些。同时，锯削行程应保持均匀，返回行程应相对快些。

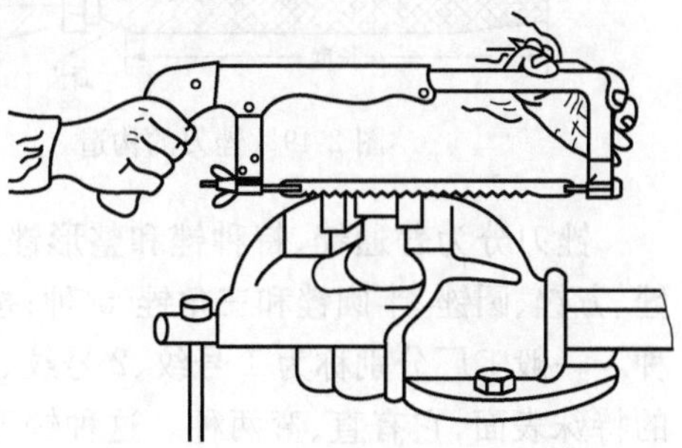

图 2-48　手锯的握法

(2) 锯削的操作方法

工件一般应夹在台虎钳的左面，工件伸出钳口不应过长(应使锯缝离钳口侧面约 20 mm)，锯缝线要与钳口侧面保持平行，夹紧要牢靠并进行保护，避免将工件夹变形和夹坏已加工面。

手锯是在前推时才起切削作用，故安装时应使齿尖的方向朝前。在调节锯条时，太紧会折断锯条，太松则锯条易扭曲，锯缝容易歪斜，其松紧程度以用手扳动锯条，感觉硬实即可。安装好后，还应检查锯条安装得是否歪斜、扭曲，这对保证锯缝正直和防止锯条折断都比较有利。

起锯是锯削工作的开始，它的好坏影响锯削质量。起锯有远起锯和近起锯两种。起锯时，左手拇指靠住锯条，使锯条能正确地锯在所需要的位置上，行程要短，压力要小，速度要慢，起锯角要小，约在 15°。

一般采用远起锯较好，因为远起锯锯齿逐步切入材料，锯齿不易卡住，起锯也较方便。起锯后锯到槽深有 2～3 mm，左手拇指即可离开锯条，扶正锯弓逐渐使锯痕向后成为水平，然后住下正常锯削。正常锯削时应使锯条的全部有效齿在每次行程中都参加切削。

锯弓的运动方式有两种：一种是直线往复运动，它适用于锯缝底面要求平直的沟槽和薄型工件。另一种是摆动式，前进时右手下压而左手上提，操作自然，适用于锯断。

3. 锉削

用锉刀对工件表面进行切削加工，使其尺寸、形状、位置和表面粗糙度等都达到要求的加工方法叫锉削。它可加工工件的内外平面、内外曲面、内外角、沟槽和各种复杂形状的表面，还可在装配中修整工件。是在鉴、锯之后对工件进行的较高精度的加工。

(1) 锉刀

锉刀用 T13 或 T12 制成，经热处理后硬度可达 62～72HRC。如图 2-49 所示，锉刀由锉身和锉柄两部分组成。锉刀面是锉削的主要工作面，其前端做成凸弧形，上下两面都有锉齿，便于进行锉削。锉刀边是指锉刀的两个侧面，有的没有齿，有的其中一边有齿。没有齿的一边叫光边，它可使锉削内直角的一个面时，不伤着邻面。

锉纹是锉齿排列的图案，有单锉纹和双锉纹两种，如图 2-50 所示。单锉纹是指锉刀上只有一个方向的锉纹，由于全齿宽同时参加切削，需要较大切削力，因而适用于软材料的锉削。双锉纹是指锉刀上有两个方向排列的锉纹，这样形成的锉齿，沿锉刀中心线方向形成倾斜和有规律排列。锉削时，每个齿的锉痕交错而不重叠，锉面比较光滑，锉削时切屑是碎断的。

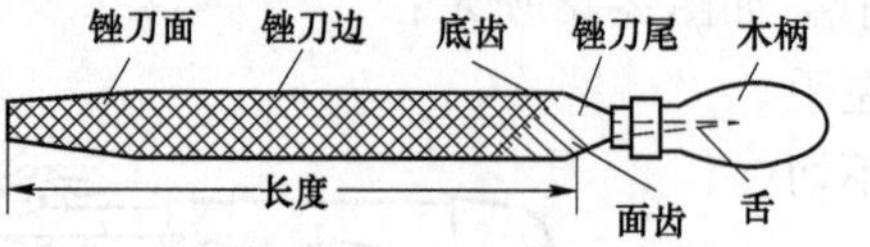

图 2-49 锉刀的构造

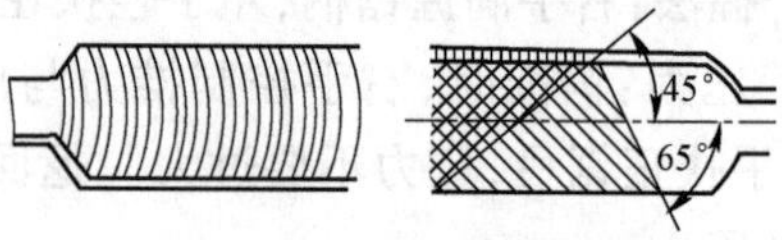

图 2-50 锉刀的锉纹

锉刀分为普通锉、特种锉和整形锉(什锦锉)三类。普通锉按锉刀断面的形状又分为平锉、方锉、圆锉、半圆锉和三角锉 5 种；按齿纹的粗细分为粗齿、中齿、细齿、双细齿、油光锉 5 种。一般工厂分别称为 1 号纹、2 号纹、3 号纹、4 号纹、5 号纹。特种锉用于加工各种零件上的特殊表面，它有直、弯两种。这种锉刀常用于锉削各种沟槽或内孔，所以通常叫掏锉。整形锉(什锦锉)适用于修整工件上的细小部位，它由许多各种断面形状的锉刀组成一套。

每种锉刀都有一定的使用寿命，如果选择不当，就会过早丧失切削能力。因此，对钳工来说，必须正确地选用锉刀。

(2) 锉削力的应用

锉削时两手作用在锉刀上的力应保证锉刀平衡，这样才能锉出平直的表面。锉削用力有水平推力和垂直压力两种。推力主要由右手控制，其大小必须大于切削阻力，才能锉去切屑。压力是由两手控制的，其作用是使锉齿深入金属表面。由于锉刀两端伸出工件的长度随时都在变化，因此两手的压力大小也必须随着变化，使两手的压力对工件中心的力矩相等，这是保证锉刀平稳而不上下摆动的必要条件。随着锉刀的推进，左手所加的压力应由大而逐渐减小，右手所加的压力应由小而逐渐增大。这是锉削平面时要掌握的技术要领。

锉削时，眼睛要注视锉刀的往复运动，观察两手用力是否适当。只有使锉刀在工件的任意位置其作用力都始终保持平衡，锉刀才不会上下摇摆。

(3) 工件的夹持

工件的夹持是否正确，将直接影响锉削的质量。因此夹持时应符合下列要求：工件应夹在虎钳中间，并伸出钳口不要太多，以免锉削时产生振动；工件要夹牢，但不能使工件变形；夹持已加工表面或精密工件时，必须使用铜钳口或铝钳口保护。

(4) 锉削的安全注意事项

1) 不使用无柄或裂柄锉刀进行工作，锉刀柄应装紧，以防手柄脱出，锉舌刺伤手；

2) 锉削工件时，不要用嘴吹铁屑，防止铁屑飞进眼内，也不可用手去清除铁屑，应用刷子扫除；

3) 锉刀放置在右侧，不要使锉刀露出钳台外边，以防跌落把脚扎伤；

4) 锉削时不可用手摸被锉过的工件表面，因手有油污会使锉削时锉刀打滑而造成事故。

4. 钻孔、扩孔、锪孔和铰孔

(1) 钻孔

用钻头在实心材料上加工孔的方法称为钻孔。钻孔在钳工操作中是一项很重要的工作，主要加工精度要求不高的孔或作为孔的粗加工。

钻孔时，钻头装夹在钻床主轴上，依靠钻头与工件之间的相对运动来完成钻削加工。

钻头绕本身轴线的旋转运动为主运动，钻头沿轴线方向的直线移动为进给运动。钻孔时这两种运动同时连续进行，所以钻头是按照螺旋运动来钻孔的。

1）钻头：钻头的种类较多，有麻花钻、扁钻、深孔钻、中心钻等，麻花钻是最常用的一种钻头。麻花钻结构如图 2-51 所示，其结构特点如下：

① 钻头的柄部是夹持部分，用以定心和传递转矩，有圆柱柄和锥柄两种。直径小于 13 mm 采用圆柱形钻柄，大于 13 mm 的采用锥形钻柄。

② 钻头的颈部为磨制钻头时的砂轮退刀槽，一般也用来打印商标和规格。

③ 工作部分由切削部分和导向部分组成。切削部分由两条主切削刃、一条横刃、两个前面和两个后面组成，如图 2-52 所示，其作用是担任主要切削工作。导向部分有两条螺旋槽和两条窄的螺旋棱带，其作用是用来保持工作时的正确方向并起修光孔壁的作用，此外还能排屑和输送切削液。

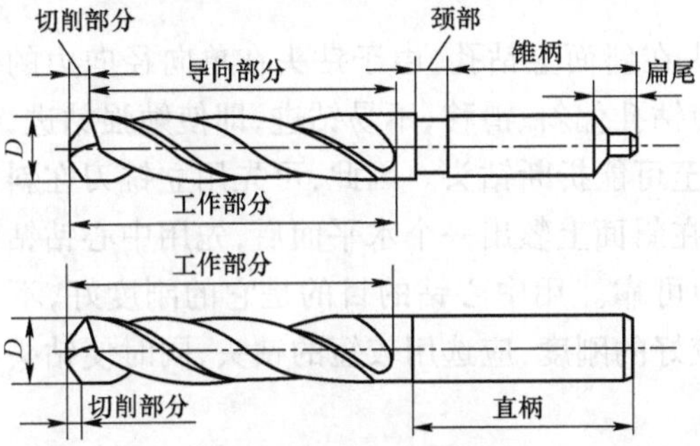

图 2-51　麻花钻结构

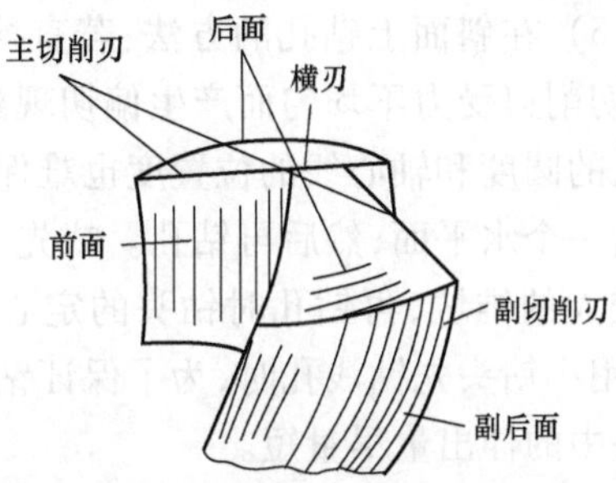

图 2-52　钻头的切削部分

④ 钻头直径由切削部分向柄部逐渐减小，形成倒锥，可减少钻头与孔壁的摩擦。由于钻头的磨钝和为了适应工件材料的变化，钻头的切削部分和角度需要经常刃磨。

2）钻孔时工件的夹持：一般钻 8 mm 以下的小孔，工件又能用手握牢时，就用手拿住工件钻孔，比较方便。除此以外，钻孔前一般须将工件夹紧固定，方法如下：

① 平整的工件可用平口虎钳装夹，钻直径大于 8 mm 孔时，必须将平口虎钳用螺栓、压板固定，减少钻孔时的振动。

② 圆柱形的工件可用 V 形块装夹并配以压板压紧，以免工件在钻孔时转动。

③ 对较大的工件且钻孔直径在 10 mm 以上时，可用压板夹持。

④ 底面不平或加工基准在侧面的工件，可用角铁进行装夹。

⑤ 对钻孔要求较高，批量较大的工件，可采用专用的钻夹具来夹持工件。

3）一般工件的钻孔方法：钻孔前应在工件上划出所要钻孔的十字中心线和直径，并在孔的圆周上（90° 位置）打 4 只样冲眼，作为钻孔后检查用。

钻孔开始时，先调整钻头或工件的位置，使钻尖对准钻孔中心然后试钻一浅坑检查。孔将要钻穿时，须减小进给量，若采用的是自动进给，此时最好改为手动进给，以减少孔口的毛刺，并防止钻头折断或钻孔质量降低等现象。

钻不通孔时，可按钻孔深度调整挡块，并通过测量实际尺寸来控制钻孔深度。钻深孔时，一般钻进深度达到直径的 3 倍时，钻头要退出排屑。以后每钻进一定深度，钻头即退出排屑一次。钻直径超过 30 mm 的孔可分两次钻削，先用 0.5～0.7 倍孔径的钻头钻孔，然后再用所需孔径的钻头扩孔。

4）在圆柱形工件上钻孔方法：轴类、套类工件上，经常要钻出与轴线垂直并通过轴线的孔，这时钻孔的借正工作就显得特别重要。

当孔的中心与工件中心对称度要求较高时，应选用 V 形架支承工件，并将工件的钻孔中心线校正到与钻床主轴的中心线在同一条铅垂线上。再在钻夹头上夹上一个定心工具并用百分表找正定心工具，使之与主轴达到同轴度要求，并使它的振摆量在 0.01～0.02 mm 之间。然后调整 V 形架使之与圆锥体彼此结合，最后用压板把 V 形架位置固定。

借正工作结束后开始划线。先在工件端面用90°角尺找正端面的中心线，并使之保持垂直。然后就可换上钻头，压紧工件，试钻一个浅坑，判断中心位置是否正确。如有误差，可找正工件再试钻。当对称度要求不太高时，可不用定心工具，而利用钻头的钻尖来找正 V 形架的位置。再用 90°角尺借正工件端面的中心线，并使钻尖对准钻孔中心进行试钻和钻孔。

5）在斜面上钻孔的方法：若直接用钻头在斜面上钻孔，由于钻头在单向径向力的作用下，切削刃受力不均匀而产生偏切现象，致使钻孔偏斜、滑移，不易钻进，即使勉强钻进，钻出的孔的圆度和轴心线的位置度也难保证，甚至可能折断钻头。因此，可先用立铣刀在斜面上铣出一个水平面，然后再钻孔。或先用錾子在斜面上錾出一个水平面后，先用中心钻钻出一个较大的锥坑，再钻孔时钻头的定心就较为可靠。用中心钻的目的是它的刚度好，不易偏斜；用小钻头先钻浅孔时，为了保证钻头有较好的刚度，应选用较短的钻头，同时使钻头在钻夹头中的伸出量尽量短。

(2) 扩孔

用扩孔钻或麻花钻，将工件上原有的孔进行扩大的加工称为扩孔。

1）扩孔的应用：由于扩孔的切削条件比钻孔有较大的改善，所以扩孔钻的结构与麻花钻相比有较大区别。

如图 2-53 所示，结构特点是：因中心不切削，没有横刃。因扩孔产生切削体积小，钻心粗，刀齿增加，使之具有较好的刚度、导向性和切削稳定性，能增大切削用量。扩孔一般应用于孔的半精加工和铰孔前的预加工。

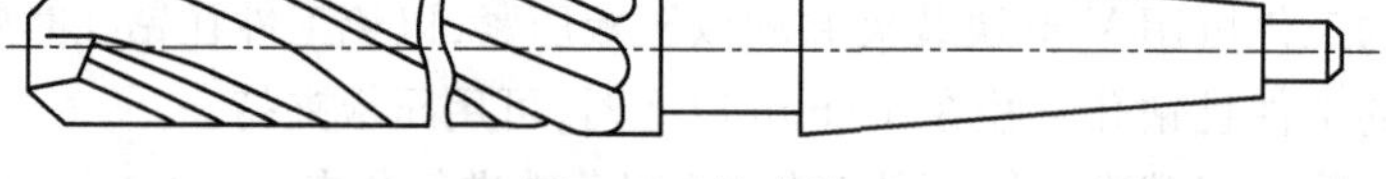

图 2-53 扩孔钻

2）扩孔的切削用量：用麻花钻扩孔时，钻孔直径为要求孔径的 50%～70%，用扩孔钻扩孔，钻孔直径为要求孔径的 90%。

扩孔时吃刀量为：$A_p=(D-d)/2$

式中，d 为原有孔的直径，mm；D 为扩孔后的直径，mm。

扩孔的切削速度为钻孔的 1/2，扩孔的进给量为钻孔的 1.5～2 倍。

实际生产中，一般可用麻花钻代替扩孔钻使用。扩孔钻使用于成批大量扩孔加工。

(3) 锪孔

用锪钻对工件孔口加工出平底或锥形沉孔的操作叫锪孔,其作用是:在工件的连接孔端锪出柱形或锥形埋头孔,用埋头螺钉埋入孔内把相关零件连接起来,使外观整齐,结构紧凑;将孔口端锪平,并与孔中心线垂直,能使连接螺栓的端面与连接件保持良好接触。锪孔钻分为柱形锪钻、锥形锪钻和端面锪钻三种。

锪孔方法与钻孔方法基本相同,但锪孔时刀具容易振动,故锪孔时应注意以下几点:

1) 锪孔时的切削速度应比钻孔低,为钻孔时的 1/3～1/2,进给量为钻孔的 2～3 倍;

2) 锪钻的刀杆和刀片装夹要牢固,工件夹持要稳定;

3) 锪钢件时,要在导柱和切削表面加切削液。

(4) 铰孔

用铰刀对已粗加工的孔进行精加工叫做铰孔,一般可加工圆柱形孔,也可加工锥形孔。由于铰刀的刀刃数量多、导向性好、尺寸精度高且刚性好,因此加工精度高,表面粗糙度小。

铰刀可分为整体圆柱铰刀、可调节式铰刀、螺旋槽手铰刀、锥铰刀。整体圆柱铰刀主要用来铰削标准系列的孔。可调节式铰刀主要在单件生产和修配工作中用来铰削非标准孔。用普通铰刀铰削有键槽孔时,刀刃会被键槽边卡住而使铰削无法进行,必须改用螺旋槽铰刀。锥铰刀主要用来铰削圆锥孔。

5. 常用钳工工具的使用方法

(1) 钳台

钳台也称钳桌,是工具钳工工作的主要设备之一。钳台上可装台虎钳和放置平板等检、量工具。

1) 台虎钳的结构

台虎钳是工具钳工用来夹持工件进行加工的必备工具,可安装在钳台上用来夹持工件。其钳口长度有 75 mm、100 mm、125 mm、150 mm、200 mm 等几种。

台虎钳有固定式和回转式,回转式台虎钳使用方便,应用较广。

2) 台虎钳的正确使用和维护

台虎钳的正确使用和维护方法如下:

① 台虎钳安装在钳台上时,必须使固定钳身的钳口工作面处于钳台边缘之外,以保证夹持长条形工件时,不受钳台影响。

② 在夹持工件时,只能用双手的力量来扳紧手柄,绝不能接长手柄或用手锤敲击手柄,以免损坏丝杆、螺母和钳身。

③ 在活动钳身的光滑平面上,不能用手锤敲击,以免降低它与固定钳身的配合性能。

④ 台虎钳必须牢固地固定在钳台上,两个夹紧螺丝钉必须扳紧,工作时应使钳身没有松动现象,否则容易损坏台虎钳和影响工作质量。

⑤ 丝杆螺母和其他活动表面上都要经常加油并且保持清洁,以利润滑和防止生锈。

(2) 丝锥和板牙

1) 丝锥

丝锥是加工内螺纹的工具。按加工螺纹的种类的不同有:普通三角螺纹丝锥、圆柱管螺纹丝锥、圆锥管螺纹丝锥等。按加工方法有机用和手用之分。

丝锥由工作部分和柄部组成,如图 2-54 所示。工作部分包括切削部分和校准部分。

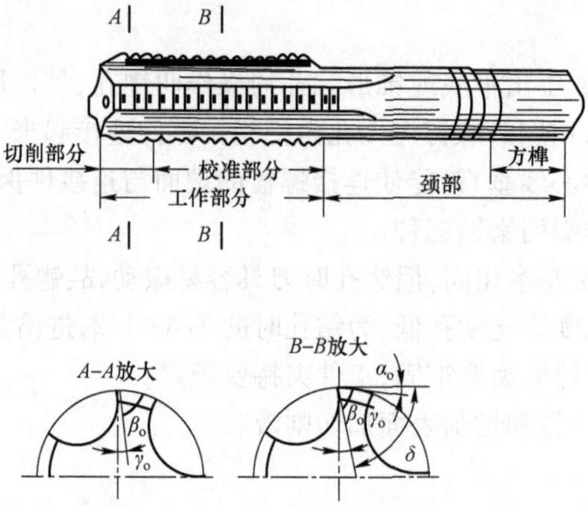

图 2-54 丝锥的构造

切削部分担任主要切削工作，沿轴向开有几条容屑槽，形成切削刃和前角。在切削部分前端磨出切削锥角，使负荷分布在几个刀齿上，从而使切削省力，便于丝锥切入。为了适用于不同材料，前角可作适当增减。校准部分用来校准已切出的螺纹，并保证丝锥沿轴向运动，为减少与螺孔的摩擦，该部分有倒锥。

为了减少切削和延长丝锥的使用寿命，通常将整个切削工作量分配给几支丝锥来担当。一般M6～M24的丝锥一套有2支，M6以下及M24以上的丝锥一套有3支，细牙螺纹丝锥为3支一组。

在工件上攻丝前，需先在工件上制作螺纹的部位钻好孔，孔的直径要考虑螺纹直径两侧高度的因素，所以钻孔直径应小于丝锥直径。确定螺纹底孔直径时，普通螺纹的底孔直径经验计算式：

脆性材料 $$D_0 = D - 1.05P$$

塑性材料 $$D_0 = D - P$$

式中，D_0为底孔直径，mm；D为螺纹大径，mm；P为螺距，mm。

攻丝前，根据查表所得的数据，选择钻头钻孔，然后在孔端倒角，便于起削。如果是通孔，在另一端也应倒角，避免攻穿时最后一道螺牙崩裂。丝锥刚进入孔时，两手用力应轻而均匀地将丝锥压入孔中。为保证垂直，可以用角尺在各处方向校正。为了避免切屑过长而将丝锥卡住或折断，要不断地将丝锥倒转，使切屑折断，并从屑槽导出。

手攻丝时一般应注意以下几点：

① 攻丝时，必须以头锥、二锥、三锥顺序攻削至标准尺寸。在较硬材料上攻螺纹时要各丝锥交替使用。

② 攻塑性材料时要加切削液，以减少切削阻力，提高丝锥寿命。

③ 攻不通孔时，可在丝锥上做好深度标记，并要经常退出丝锥，清除留在孔内的切屑。

2）板牙

板牙是加工外螺纹的工具。它由切削部分、校准部分和排屑孔组成。它本身就像一个圆螺母，在它上面钻有几个排屑孔而形成刃口，如图2-55所示。

板牙的切削部分为两端的锥角门 2Φ部分。它不是圆锥面，而是经铲磨而成的阿基米德螺旋面。圆板牙前面就是排屑孔，前角大小沿着切削刃而变化，外径处前角最小。板牙的中间一段是校准部分，也是导向部分。

板牙的校准部分因套螺纹时的磨损会使螺纹尺寸变大而超出公差范围，为延长板牙的使用寿命，m35 以上的圆板牙，其外圆上有一条 V 形槽[如图 2-55(a)]。当尺寸变大超差时，可用片状砂轮沿 V 形槽割出一条通槽，用铰杠上的两个螺钉顶入板牙上面的两个偏心锥孔坑内，使圆板牙尺寸缩小，其调节范围为 0.1～0.25 mm。若在 V 形槽开口处旋入螺钉能使板牙直径增大。板牙下部两个其轴线通过板牙中心的螺钉坑是用螺钉将板牙固定在铰手中并用来传递转矩的。板牙两端面都有切削部分，一端磨损后，可换一端使用。

管螺纹板牙可分为圆柱管螺纹板牙和圆锥管螺纹板牙，其结构与圆板牙相仿。但圆锥管螺纹板牙只是在单面制成切削锥，故圆锥管螺纹板牙只能单面使用，如图 2-56 所示。

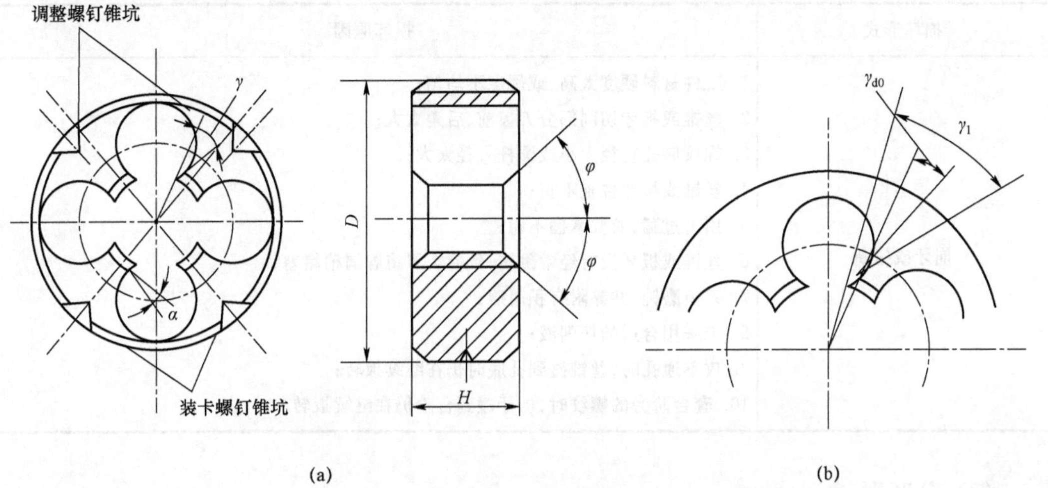

图 2-55　圆板牙

(a) 外形和角度；(b) 圆板牙前角变化

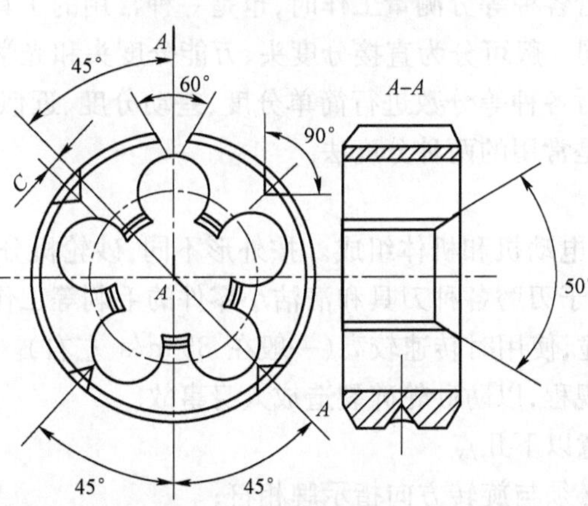

图 2-56　圆锥管螺纹板牙

套丝时，首先选好圆杆外径，并在圆杆上端倒成 15°～20°的角，以便起削。因此，圆杆直径要小于螺纹大径，可用下式计算：

$$d_0 = d - 0.13P$$

式中，d_0为圆杆直径，mm；d为外螺纹大径，mm；P为螺距，mm。

其次将工件放正、夹紧，防止损伤工件的精加工的表面。开始套丝时，将装在板牙架内的板牙套在圆杆上，使板牙端面与圆杆轴线垂直，然后施加轴向压力，转动板牙，当切出 1～2 牙螺纹时，要用目测检查是否套正，如不正应慢慢校正后再继续套丝，此时就不再施加压力。但要经常倒转板牙，使切屑切断。在钢质材料上套丝要加冷却润滑液，一般使用加浓的乳化液或机油，要求较高的可用菜油或二硫化钼，以延长板牙的使用寿命，减小螺纹的表面粗糙度。

3）丝锥和板牙损坏的原因

丝锥和板牙损坏的常见原因见表 2-6。

表 2-6　丝锥和板牙损坏的常见原因

损坏形式	损坏原因
崩牙或扭断	1. 工件材料硬度太高，或硬度不均匀； 2. 丝锥或板牙切削部分刀齿前、后角太大； 3. 螺纹底孔直径太小或圆杆直径太大； 4. 丝锥或板牙位置不正； 5. 用力过猛，铰杠掌握不稳； 6. 丝锥或板牙没有经常倒转，致使切屑将容屑槽堵塞； 7. 刀齿磨钝，并黏附有积屑瘤； 8. 未采用合适的切削液； 9. 攻不通孔时，丝锥碰到孔底时仍在继续扳转； 10. 套台阶旁的螺纹时，板牙碰到台阶仍在继续扳转

（3）分度头

分度头是一种比较精确的分度工具。它除了在铣床上广泛应用外，在工具钳工进行划线、钻模板、镗孔以及进行各种等分测量工作时，也是一种常用的工具。

分度头按其结构不同一般可分为直接分度头、万能分度头和光学分度头 3 种。

万能分度头可用来对各种等分数进行简单分度、差动分度、近似分度和角度分度等。其中简单分度和差动分度是常用的两种分度法。

（4）砂轮机

砂轮机主要由砂轮、电动机和机体组成。按外形不同，砂轮机分为台式砂轮机和立式砂轮机两种，砂轮机主要用于刃磨各种刀具和清洁小零件的毛刺等工作。

由于砂轮的质地较脆，使用时转速较高（一般在 35 m/s 左右）。因此，在使用砂轮机时，必须严格遵守安全操作规程，以防砂轮碎裂造成人身事故。

砂轮机使用时应注意以下几点：

1）砂轮旋转方向，必须与旋转方向指示牌相符；

2）启动后，应待砂轮转速达到正常时再进行磨削；

3）砂轮机在使用时，不准将磨削件与砂轮猛撞及施加过大的压力，以免砂轮碎裂；

4）使用时，发现砂轮表面跳动严重，应及时用修整器修整；

5）砂轮机的搁架与砂轮间的距离，一般应保持在 3 mm 之内，否则容易造成磨削件被砂轮轧入的事故；

6）使用时，操作者尽量不要站立在砂轮的径向，而应站在砂轮的侧面或斜侧位置。

（5）钻床

钻床是一种常用的孔加工机床。在钻床上可装夹钻头、扩孔钻、锪钻、绞刀、镗刀、丝锥等刀具，用来进行钻孔、扩孔、锪孔、铰孔、镗孔以及攻丝等工作。因此钻床也是工具钳工需要的主要机床之一。

钻床根据其结构和适用范围不同，可分为台式钻床（简称台钻）、立式钻床（简称立钻）和摇臂钻床3种。

1）台式钻床

台式钻床是一种可放在台子上使用的小型钻床。其最大钻孔直径一般为12~15 mm。台钻主轴转速很高，常用三角皮带传动，由多级皮带轮来变换转速。但有些台钻也采用机械式的无级变速机构，或采用装入式电动机，电动机钻子直接装在主轴上。

台式钻床主轴的进给一般只有用手动进给，而且一般都具有控制钻孔深度的装置，如刻度盘、刻度尺、定位装置等。钻孔后，主轴能在蜗卷弹簧的作用下直接复位。

2）立式钻床

立式钻床最大钻孔直径有25 mm、35 mm、40 mm和50 mm等几种。一般用来加工中型工件。立式钻床可以自动进给。由于它的功率及机构强度较高，因此加工时允许采用较大的切削用量。

3）摇臂钻床

摇臂钻床适用于单件、小批和中批生产的中等零件和大件以及多孔件进行各种孔加工工作。由于它是靠移动主轴来对准工件上孔的中心，所以使用时比立式钻床方便。

摇臂钻床的主轴变速箱能在摇臂上作较大范围的移动，而摇臂又能绕立柱中心回转360°，并可沿立柱上下移动，所以摇臂钻床能在很大范围内工作。工作时，工件可压紧在工作台上，也可直接放在底座上加工。

摇臂钻床的主轴转速范围和走刀量范围都很广，因此工作时可获得较高的生产效率及加工精度。

（6）剪板机

剪板机是钳工制造样板时用于板材落料的一种重要设备。板材经剪板机落料与手工落料相比，具有落料质量好、生产效率高及劳动强度低等优点。

工具钳工常用的剪板机，按其结构形式不同可分为手掀式、双盘式和龙门式三种。

（7）带锯机

带锯机是钳工在制造样板及冲裁模时常用的一种设备，带锯机使用的锯条宽度较窄，因此在手工操作的配合下可用来锯切各种曲线形状的工件。

目前，在工具制造业中，虽然使用的带锯机构造式样多，但是各种带锯机的结构和传动原理基本相同。带锯机的运动主要分主运动（带锯条运动）和进给运动。

带锯机的保养和安全使用：

1）锯切前应先开空车运转几分钟，观察运转是否正常，同时在各注油孔按规定注入一定油量；

2）锯切前检查带锯条紧松是否适中，否则会影响锯切质量，而且一旦带锯条脱出还有可能会造成事故；

3）带锯条修磨焊缝前，应待砂轮空转 3～5 min 后，修整砂轮，然后进行带锯条的修磨。

(8) 常用电动工具

电动工具的品种很多，核电厂钳工作业中常用的电动工具主要包括电钻、电磨头、切割机等。

1）电钻

电钻是一种手提式电动工具。在工件加工和设备装配时，当受工件形状或加工部位的限制不能使用钻床钻孔时，则可使用电钻加工。

电钻使用时应注意以下两点：

① 电钻使用前，须开空机转 1 min，检查传动部件是否正常，如有异常，应排除故障后再使用。

② 使用的钻头必须锋利，钻孔时不宜用力过猛。当孔将钻穿时，应相应减轻压力，以防事故发生。

在设备维修中，电钻也可利用配套的套筒工具进行螺栓快速旋拧工作。

2）电磨头

电磨头属于高速磨削工具。适用于在大型工、夹、模具的装配调整中，对各种形状复杂的工件进行修磨或抛光。装上不同形状的小砂轮，还可以修磨各种凹凸模的成型面。当用布轮代替砂轮使用时，则可进行抛光工作。

电磨头在使用时应注意以下几点：

使用前，须开空机转 2～3 min，检查旋转声音是否正常，如有异常，应排除故障后再使用。

① 新装砂轮应修整后使用，否则所产生的离心力会造成严重振动，影响加工精度。

② 砂轮外径不得超过磨头铭牌上规定的尺寸。工作时砂轮和工件的接触力不宜过大，更不能用砂轮冲击工件，以防砂轮爆裂，造成事故。

(9) 几种常用起重工具

1）千斤顶

千斤顶适用于升降高度不大的重物，常用的有螺旋千斤顶、齿条千斤顶、油压千斤顶等，常用的千斤顶均为手动的。使用千斤顶时应遵守下列规程：

① 千斤顶应垂直安置在重物下面。工作地面较软时，应加垫铁，以防陷入和倾斜。

② 用齿条千斤顶工作时，止退棘爪必须紧贴棘轮。

③ 使用油压千斤顶时，调节螺杆不得旋出过长，主活塞的行程不得超过极限高度标志。

④ 合用几个千斤顶升降重物时，要有人统一指挥，尽量保持几个千斤顶的升降速度和高度一致，以免重物发生倾斜。

⑤ 重物不得超过千斤顶的负载能力。

2）手动葫芦

手动葫芦包括手拉葫芦和手扳葫芦，手拉葫芦是一种使用简单、携带方便的手动起重机械，一般用于室内小件起重装卸。手扳葫芦主要用于重物的牵引和拖曳，有时也可用来起吊重物。使用手扳葫芦时应遵守下列规程。

① 使用手拉葫芦时应注意以下事项：

a. 使用前严格检查手拉葫芦的吊钩、链条，不得有裂纹，棘爪弹簧应保证制动可靠。

b. 使用时，上下吊钩一定要挂牢，起重链条一定要理顺，链环不得错扭，以免使用时卡住链条。

c. 起重时，操作者应站在与起重葫芦链轮的同一平面内拉动链条，用力应均匀、缓慢。拉不动时应检查原因，不得用力过猛或抖动链条。

d. 起重时不得用手扶起重链条，更不能探身于重物下进行垫板及装卸作业。

② 使用手扳葫芦时应注意以下事项：

a. 经常检查手扳葫芦夹钳的磨损情况，发现磨损严重时应即时更换，以免打滑造成事故。

b. 应经常检查钢丝绳有无绞扣与断股等现象，如发现问题要及时更换或修复。

c. 手扳葫芦的松卸手柄不能被障碍物阻塞。

d. 不能同时搬动前进杆和反向杆。

3) 起重机和起重吊架

① 桥式起重机与单梁起重机：大型车间使用的桥式起重机起重吨位大，机动性好，一般都有专人操纵、维护和保养。小吨位的单梁起重机一般是公用设备，在使用时应注意下列安全规程：

a. 重物不得超过限制吨位。

b. 起吊时工件与电葫芦位置应在同一条直线上，不可斜曳工件。

c. 吊运工件时，不可提升过高。横梁行走时要响铃或吹哨，以引起其他人的注意，操纵者应密切注意前面的人和物。

② 单臂式吊架：起重能力一般在 4 900 N 以下，可用于机床零部件的拆卸和近距离运输。

③ 龙门式吊架：在龙门式的框架顶梁上装有可沿梁移动的手动或电动葫芦，吊架下装有 4 个轮子，既能滚动又能水平移动，机动性很强。可以在没有起重设备的车间内及较小的通道里起吊和移动重物。使用上述起重设备时应遵守的规程与单梁起重机基本相同。

2.4　实施中需要特别注意的几个关键点

1) 合理布局主要设备。钳台要放在便于工作和光线适宜的地方，台式钻床和砂轮机一般应安装在场地的边沿，毛坯和原材料等的放置要有顺序，以保证操作中的安全和方便；

2) 工、量具的安放要合理有序。一般说来，为取用方便，右手取用的工、量具放在右边，左手取用的工、量具放左边，且排列整齐，不能使其伸到钳台边以外；工具与量具不能混放在一起，量具必须放在量具盒内或专用板架上。精密的工、量具要轻拿轻放，以保证其精度与测量的准确性；

3) 使用的机床工具（如砂轮机、钻床、手电钻和各种工具）要经常检查，发现损坏，要停止使用，修好再用，不能擅自使用损坏和不熟悉的机床和工具。在进行某些操作时，必须使用防护用具（如防护眼镜、胶皮手套和胶鞋等）。工作完毕后，对所有使用过的设备应按要求进行清理、润滑，对工作场地要及时清扫干净，并将切屑及垃圾及时运送到指定地点，保持工作场地的整齐清洁；

4) 使用电器设备时，必须严格遵守操作规程，防止触电造成人身事故，如发现有人触电，不要慌乱要及时切断电源进行抢救；

5) 钳工工作中，如錾削、锯削以及在砂轮机上修磨工具，都会产生很多切屑，清除切屑

时要用刷子,不要用手,更不可用嘴吹,以免切屑飞进眼睛造成伤害;

6) 操作前应熟悉图样、工艺文件及有关技术要求,严格按规定加工;

7) 拆卸无图样的机器设备时,必须按顺序拆卸,在拆下的零件上做出标记标明顺序,以利以后组装;

8) 抡锤前应注意周围是否有人,要选好方向,以免锤头或手锤脱出伤人;

9) 钻削时,严禁戴手套接近旋转体;

10) 零件放在钳台上应用橡胶板、木板或塑料板垫好,避免碰撞划伤现象发生。一般使用微动螺旋量具时应注意以下几点:

1) 使用前必须对量具进行零位检查,若发现零位不准,应该及时校正;

2) 在比较大的范围内调节螺旋量具时,应该旋转微分筒而不是旋转测微头转帽。只有当测微头将与被测面接触时,才旋转测微头转帽,这样既能节约时间又能准确地控制测量力,保证测量精度;

3) 为了测出某些零件的锥度、椭圆度,应在被测件表面上不同的地方或方向进行反复测量;

4) 测量时,应使测头的整个测量面与被测件表面接触,而不能只用测量面边缘进行测量,以防止测量面边缘有磨损时,造成测量误差。

第三章 故障检查和处理

3.1 常见故障现象和判断方法

常见故障现象和判断方法见表 3-1。

表 3-1 常见故障现象和判断方法

序号	故障现象	判断方法	故障原因分析	故障排除方法
1	锯缝不直	锯缝歪斜	1. 锯条不直； 2. 用力不匀	修正锯条用力平稳
2	测量不准	测量不一致	1. 检查测量工具； 2. 清理工件	1. 测量工具有无标定； 2. 归零检查
3	丝锥断裂	断裂	用力过猛	均匀用力
			铰杠掌握不稳	两手平稳
			丝锥或板牙位置不正	摆放正确

3.2 特殊故障现象和判断方法

特殊故障现象和判断方法见表 3-2。

表 3-2 特殊故障现象和判断方法

序号	故障现象	判断方法	故障原因分析	故障排除方法
1	百分表支架不稳	表座晃动	底面和被测件表面是否有毛刺	1. 碰伤或脏物； 2. 更换或擦干净
2	百分表不灵活	测量不准	百分表是否校验合格	更换百分表
			测量头、测量杆和夹套	检查百分表位置的正确性、测量杆移动的灵敏性和指示数值的稳定性
3	百分表杆弯曲	表杆弯曲	拉动不灵活	更换百分表

第四章　操作结束

4.1　完成后验证

钳工基本技能培训完成后，对于模拟体需要验证测量是否准确。对于现场实施工作，需要技术人员对测量数据进行确认，确认是否合格。

4.2　总结培训过程

钳工基本技能培训，首先确认安全防护做好，在制作前要测量工件间隙，再进行加工。认定主要步骤，特别是对量具测量时要防止量具和工件的碰撞，使量具损坏。在錾切工件时，注意手部损伤，特别是要防止飞屑伤及眼睛和身体其他部位，使用后的量具要擦拭干净妥善保存。

4.3　评判

学员对钳工基本技能培训过程进行阐述，并说明其中的关键点以及注意事项。教员对学员的陈述简要记录，根据阐述评判学员的掌握情况。其中钳工基本技能培训的步骤、划线、錾削（凿削）、锯割、钻孔、扩孔、攻丝和套丝步骤需要完成阐述。教员指出学员阐述过程中的错误以及需要注意的事项，并且依据评判表，对学员的学习情况作出整体评判。

4.4　清理现场

工作结束后，做到工完料尽场地清，对检修后的物资设备进行分类。工具整理并与工具清单进行对比，确保工具无缺失，并检查工具的可用性，记录损坏情况并汇报。对更换的领料物资与领料单进行核实，确保所有可更换的物资已更换。不能使用的零部件进行后续处理，修复或者直接报废。清理工作过程中的耗材，进行分类处理，放置到对应的塑料袋中。清理现场的塑料布，橡胶板，必要时用白布清理现场。

4.5　工后会

工后会是对整个工作的过程的回顾以及必要的经验反馈。

回顾工作过程：工作许可证已归还，场地已清理，设备标牌完好，对检修任务进行评价，是否达到预期的目的，试验设备与工器具已经归还。

工作后的经验反馈是对以后同类型的工作的经验积累,以提高工作的检修技能,能够更好的完成检修工作,其主要有以下内容:

1) 工期是否安排合理;

2) 工作人员是否配备充足;

3) 工作文件的合理性;

4) 工作人员的检修技能是否满足要求;

5) 规程、图纸是否需要升版;

6) 检查过程中的异常;

7) 工作的经验反馈;

8) 协调事项。

第五章　经验反馈

操作不当引起压力容器主螺栓损坏

事件概述

2012年2月,某核电厂1号机组进行反应堆压力容器关盖作业,在操作整体螺栓拉伸机将主摞栓旋入反应堆压力容器过程中,反应堆压力容器的58颗主螺栓中有4颗在旋入反应堆压力容器后卡涩无法动作。主螺栓卡死后,现场人员尝试采用手动方式加大力矩拧出卡死的主螺栓,卡死的4颗主螺栓中仅有1颗拧出,这一强行手动操作方式加剧了对螺栓孔的损坏。最终被迫使用破坏主螺栓方式取出主螺栓,然后进行螺栓孔的修复,因此延误了8个月的工期。

经验教训

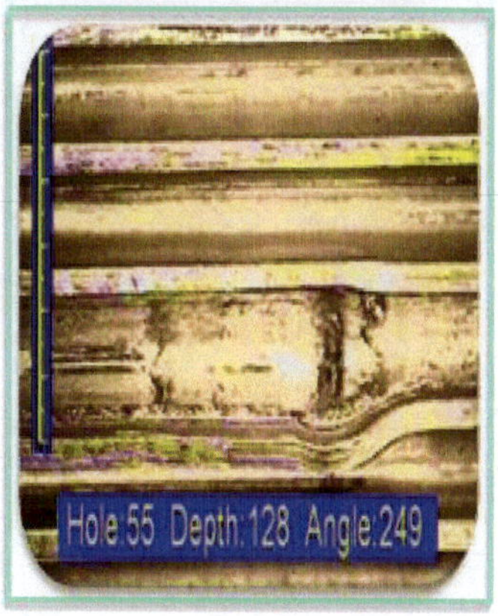

1. 在维修作业过程中,作业人员应该严格按照规程进行作业;

2. 工作过程出现任何异常情况,应以“质疑的态度”保守决策,立即停止工作并向上级汇报;

3. 异常处理应编制应急预案,按照批准的方案进行处理。

第六章　习　题

6.1　多选题(每题 5 分,共 15 分)

1. 机械图样中的图线型式包括(ABC)。

A. 剖面线　　B. 可见轮廓线

C. 不可见轮廓线　　D. 素描线

2. 有几种读数值的游标卡尺(ABC)。

A. 0.1 mm　　B. 0.05 mm　　C. 0.02 mm　　D. 0.01 mm

3. 丝锥和板牙崩牙或扭断损坏的原因(ABCD)。

A. 用力过猛,铰杠掌握不稳　　B. 丝锥或板牙位置不正

C. 未采用合适的切削液　　D. 螺纹底孔直径太小或圆杆直径太大

E. 螺纹底孔直径太大

6.2　填空题(每空 5 分,共 15 分)

1. 机件的真实大小,应以图样上所注的尺寸数值为依据,与图形的大小(即所采用的比例)和______的准确度无关。

答案:绘图

2. 手锯锯削运动的速度一般为______左右,锯削硬材料慢些。

答案;40 次/min

3. 锉刀分为普通锉、特种锉和______三类。

答案:整形锉(什锦锉)

6.3　简答题(10 分,共 20 分)

简述普通锉分类。

1. 普通锉按锉刀断面的形状又分为:

1) 平锉;

2) 方锉;

3) 圆锉;

4) 半圆锉;

5) 三角锉。

2. 普通锉按齿纹的粗细分为:

1）粗齿；
2）中齿；
3）细齿；
4）双细齿；
5）油光锉。

6.4 论述题(20分)

请论述在钳台工作时,工、量具怎样安放才合理有序。

答:1）一般说来,为取用方便,右手取用的工、量具放在右边,左手取用的工、量具放左边,且排列整齐,不能使其伸到钳台边以外。

2）工具与量具不能混放在一起,量具必须放在量具盒内或专用板架上。

3）精密的工具、量具要轻拿轻放,以保证其精度与测量的准确性。

6.5 实操题(30分)

鉴定点:钳工基本技能

试题1:量具的使用

1. 准备要求

考场准备:

(1）试题名称:量具的使用

(2）本题分值:20

(3）考核时间:40 min

(4）考核形式:实操

(5）设备设施准备

序号	名称	规格	单位	数量	备注
1	模拟体		台	1	教学用模拟体截止阀一台
2	工具、吊带等		套	1	解体用工具

考生准备:

(1）试题名称:测量阀杆外径,填料函内径等

(2）本题分值:20

(3）考核时间:40 min

(4）考核形式:实操

(5）工具及其他准备:无

2. 考核要求

(1）本题分值:20

（2）考核时间：40 min

（3）考核形式：实操

（4）具体考核要求：测量阀杆和填料函的关键点及过程和步骤

（5）否定项说明：测量工具掉落；没有作好防异物措施。

3. 配分与评分标准

序号	考核内容	考核要点	配分	评分标准	扣分	得分
1	测量前准备	检查测量工具	3	1. 未检查测量工具在校验合格范围内　扣1分 2. 检查部位未做标记　扣2分		
2	测量	千分尺测量	4	1. 未检查千分尺回零　扣2分 2. 手持测量工具错误　扣2分		
3	阀杆	阀杆千分尺测量	4	1. 未清理测量部位　扣2分 2. 测量工具与阀体发生碰撞　扣2分		
4	填料函	填料函内径	4	1. 未测量到填料函直径　扣2分 2. 未清理测量部位　扣2分		
5	回装后测量	测量	5	1. 未在同一点处测量　扣2分 2. 未封堵　扣1分 3. 测量工具随便搁置　扣2分		

否定项：1. 测量工具掉落；
　　　2. 没有作好防异物措施。

评分人：　　年　　月　　日　　　　　　　　核分人：　　年　　月　　日

第三部分　低压三相异步电动机轴承

第一章　操作准备

1.1　原理描述

1.1.1　轴承的结构

如图 1-1 所示，轴承的组成部件从左至右依次是，密封盖、外圈、滚动体、保持架、内圈、另一侧密封盖，这些轴承的构成部件中，根据不同的类型和使用场合，有的轴承并不一定全部具备。以内外圈、保持架及滚动体构成的轴承最为常见，其次就是在一些免维护及清洁度要求高的场合较多使用带密封盖的轴承，对于一些特殊使用场合，因安装空间狭小、重载低转速等因素的限制，有些轴承可能没有保持架，例如满装滚子轴承就没有保持架。

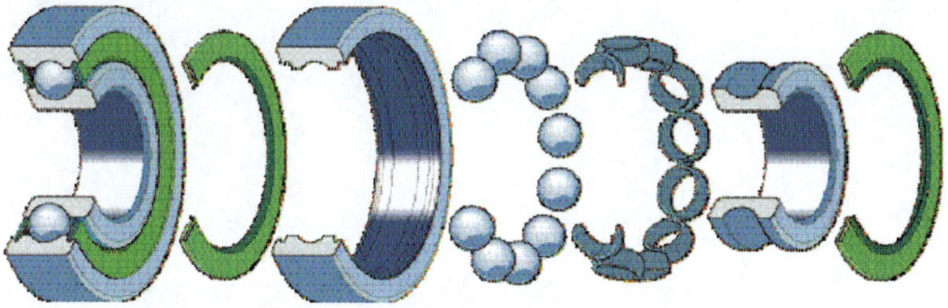

图 1-1　轴承结构示意图

为了满足不同工作环境的要求，轴承各个部件会采用不同的加工工艺及材料，这也会造成轴承不同部件所能承受的温度不同，轴承拆装方式的不同，表 1-1 就列出了轴承各个部件的常用材料、可承受的温度及功能，可以作为热安装温度和工具选择的参考。

表 1-1　轴承部件功能及特性

部件	材料	功能	工作温度/℃	其他要求
套圈	淬透轴承钢，感应淬火轴承钢，表面硬化轴承钢，高温轴承钢	与轴颈及端盖配合定位，建立滚道，配合承受载荷	<120～250	
滚动体	淬透轴承钢，感应淬火轴承钢，表面硬化轴承钢，高温轴承钢	减小摩擦，承受载荷	<120～250	安装过程中滚动体不得受力

续表

部件	材料	功能	工作温度/℃	其他要求
保持架	机削/冲压金属(钢、铜) 聚合塑料保持架(尼龙、酚醛树脂)	分隔和引导滚动体,提供润滑脂的留存空间	钢＜300,黄铜＜250 尼龙 46＜70,尼龙 66＜85	加热器安装时需要特别小心加热温度
密封盖	丁腈橡胶,氢化丁腈橡胶,氟橡胶,聚亚安酯	密封,防尘	丁腈橡胶＜100,氢化丁腈橡胶＜150,氟橡胶＜300,聚亚安酯＜80	加热安装需考虑温度

1.1.2　轴承的常用技术参数

轴承的常用技术参数及意义如表 1-2 所示。

表 1-2　轴承的常用技术参数及意义

名称	分类	代号	单位	参考意义
内径		d	mm	确定轴颈尺寸选择仪器量程
外径		D	mm	确定轴颈尺寸选择仪器量程
宽度		B	mm	受安装空间限制
额定转速		n	r/min	参与轴承寿命计算
载荷	轴向	F_r	kN	用以表示实际的载荷方向及计算轴承当量载荷
	径向	F_a	kN	
当量载荷	动	P	kN	一个假设的载荷,与实际载荷对轴承的影响相同
	静	P_0	kN	
基本额定载荷	动	C	kN	轴承的额定参数,用于计算轴承的寿命
	静	C_0	kN	低转速 $n<10$ r/min,往复摆动,承受载荷长期静止的工况下计算寿命
游隙	径向	$C1-C5$	无	$C5>C4>C3>Cn$(标准游隙,型号中没有标明的都是标准游隙)$>C2>C1$
	轴向	$C1-C5$	无	
接触角	无	α	度	$\alpha=0°$,径向接触轴承;$0°<\alpha<45°$,向心角接触轴承;$\alpha=90°$,轴向接触轴承;$45°<\alpha<90°$,推力角接触轴承
寿命	无	L_{10}/L_{10h}	小时、百万转	L_{10},10%失效概率下以转数计的寿命。L_{10h},10%失效概率下以小时计的寿命

1.1.3　轴承的类型

不同的轴承类型主要表现在滚动体形状和轴承套圈的类型上,不同形状滚动体的轴承所能承受载荷的大小、方向都不尽相同,例如:深沟球轴承能承受径向载荷和很小的轴向载荷,而滚柱轴承根据接触角的不同,不承受轴向载荷或者承受很大的径向和轴向载荷,

不同套圈类型的轴承一方面可以改变轴承的接触角,使轴承可以承受联合载荷,另一方面特别是在滚柱轴承上,轴承套圈是否带有档肩决定了轴承是否允许出现轴向的窜动,需要根据实际的工况进行选择。不同滚动体轴承的特点如下(见表 1-3)。

表 1-3　不同滚动体轴承的特点

滚动体形状及滚道接触形状	名称	特点
	球轴承	额定转速高,承载能力低,噪音小
	球面滚子轴承	额定转速低,轴向承载能力高,允许不对中
	球面圆锥滚子轴承	额定转速低,轴向及径向承载能力高,允许不对中
	滚柱轴承	额定转速低,轴向承载能力高,允许轴向窜动
	圆锥滚子轴承	额定转速低,轴向及径向承载能力高
	滚针轴承	额定转速较低,径向承载能力很高,安装空间小

1.1.4　轴承的寿命

滚动轴承的寿命是指,在内圈滚道或外圈滚道或滚动体出现首次疲劳剥落之前,轴承以一定转速运行所能够达到的旋转次数或者工作小时。因即使是同一生产线上生产的完全相同的两个轴承在完全相同的实验室条件下测量的寿命都不一定相同,所以轴承的选型和计算中是以一组数量足够大的看起来完全相同的轴承有 90%能够达到或者超过的寿命为依据。ISO281 对于轴承基本额定寿命以转数记的定义。

$$L_{10}=\left(\frac{C}{P}\right)^{p}$$

以工作小时记的定义

$$L_{10\mathrm{h}}=\frac{10^{6}}{60n}L_{10}$$

以上公式中:p 为轴承类型因子,球轴承为 3,滚子轴承为 10/3。

在某些实际工况中轴承实际的运行寿命已经远远偏离了轴承的基本的定寿命,需要根据实际的环境条件做出修正,主要的考虑因素包括疲劳负荷极限比,润滑脂黏度比已经污染系数等。

1.1.5　轴承代号的型号识别

完整的轴承型号包括基本型号,补充型号以及前后缀,除基本代号外补充代号和前后缀

可能部分或者全部没有。基本代号中主要包括轴承类型、基本设计、外形尺寸如(图 1-2)所示，基本代号的最后两位乘以 5 即得到轴承内径，特殊情况下内径小于 10 mm 和大于 500 mm 的情况直接以实际内径标注用“/”与基本型号的其余部分分隔，第一个数字、第一个字母或者第一串字母的组合表示轴承类型，接下来的两个数字第一个表示宽度或高度系列，第二个数字表示外径系列。类型代号及常用后缀代号意义如下(见表 1-4)。

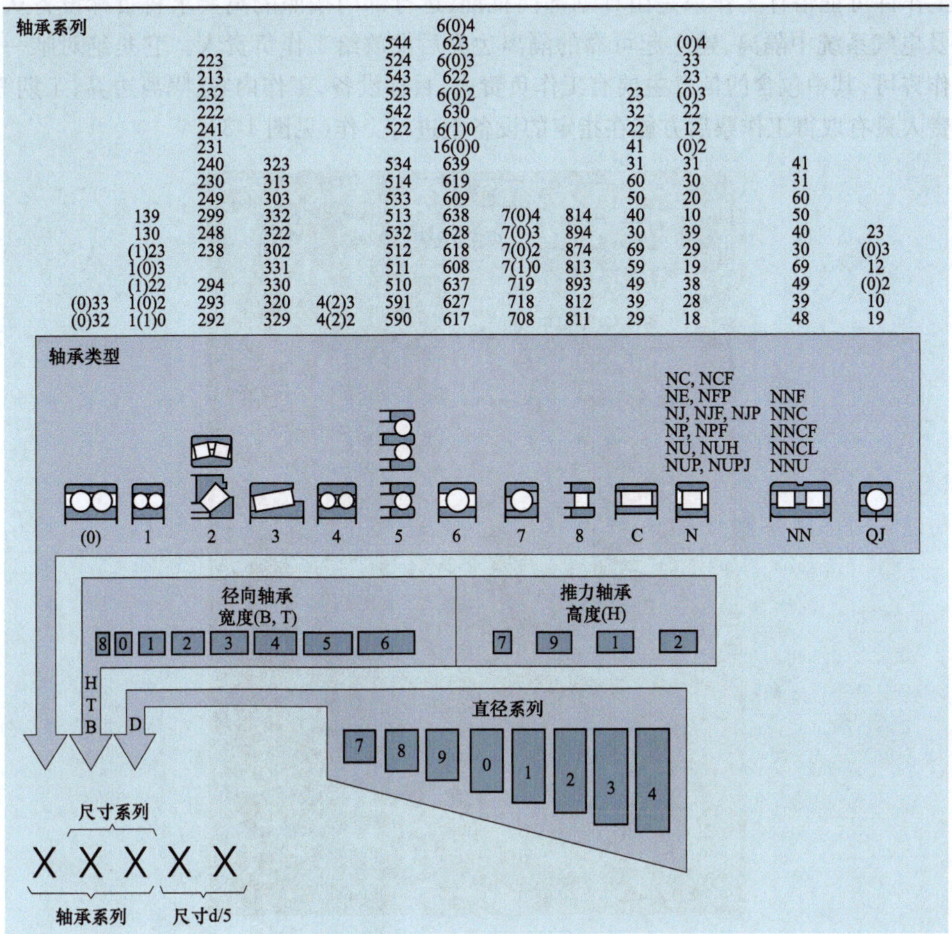

图 1-2　轴承型号识别图

表 1-4　轴承类型代号的意义

类型代号	代号	NU	NJ	NUP	N	NU+HJ	NJ+HJ	备注
	类型	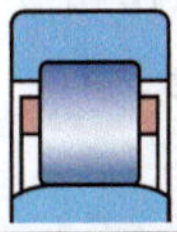	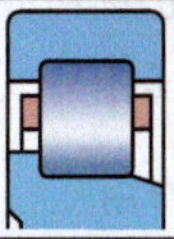	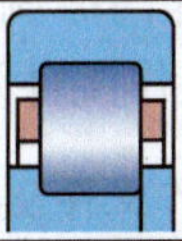	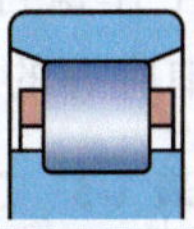	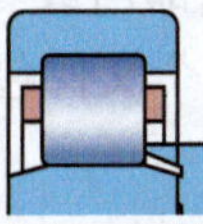	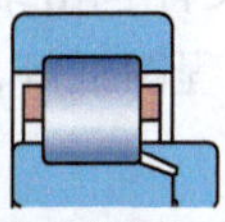	选择工具参考
后缀	代号	Z	2Z	RS	2 RS	RZ	C1	备注
	意义	金属单面	金属双面	单面骨架橡胶接触密封	双面 RS	单面骨架橡胶非接触密封	游隙等级	加热温度及配合间隙参考

1.2 文件准备

1.2.1 工作票准备

工作许可证俗称工作票是由计划部门批准,运行部门按照隔离要求将目标设备从工艺系统及电气系统中隔离,建立起可靠的隔离边界后发放给工作负责人。它是绝对唯一的现场工作许可,其中包含的信息主要有工作负责人,目标设备,工作内容,隔离边界,工期等,工作负责人只有取得工作票后方能在指定的设备上进行工作(见图 1-3)。

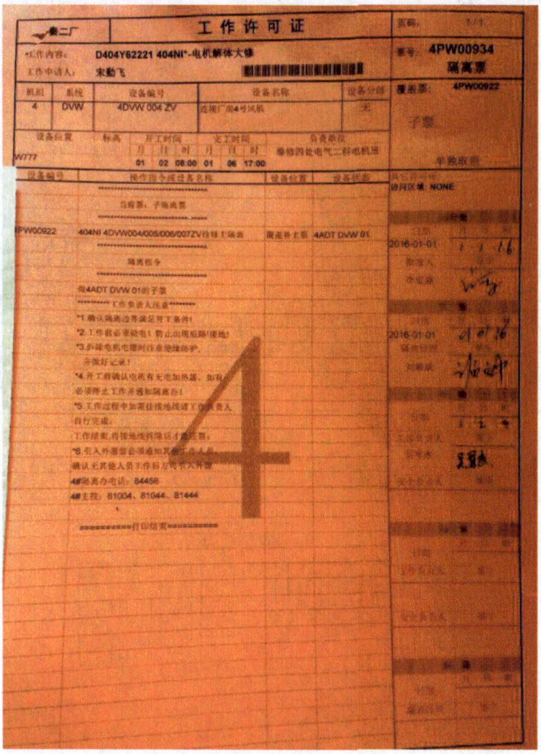

图 1-3 工作票

1.2.2 文件包准备

工作文件包由维修部门或者工作执行部门编制,主要包括工作指令单、风险分析单、质量计划、规程图纸等,一个文件包中应有的工作文件及其作用见表 1-5。

表 1-5 工作文件及其作用

文件	工作指令单	质量计划	风险分析	领料申请	工前会单	工后会单	图纸	规程	经验反馈单
功能	工作流程及隔离条件	控制检修质量	工作中存在的风险	配件领取	工前会记录	工后会记录	指出工艺设备和电源开关	规范检修过程	历时经验参考

1.3　工器具准备

1.3.1　轴承加热器

轴承加热器如(图 1-4)在轴承热装工艺中对轴承整体进行加热,轴承热装一方面可以保证比较大的过盈量,另一方可以避免在冷装过程中对轴承造成意外损伤,如果没有轴承加热器又要求热装时,可以采用油浴加热仍然能够保证轴承受热的均匀。

图 1-4　电涡流轴承加热器

轴承加热器的原理是使高频磁场通过轴承,利用磁场在轴承金属部件中产生的涡流进行加热,其特点是升温速度快,加热均匀,内圈先发热。但是使用中必须根据轴承保持架、密封盖的材质严格控制加热温度,特别是尼龙保持架、橡胶密封盖的轴承要特别小心加热温度,而对于双封免维护的轴承严禁热装,因为加热会造成内部填充润滑脂的流失或者失效。

1.3.2　轴承冷装工具

轴承冷装工具适用于轴颈不大于 55 mm 的轴承,是一种由非金属材料制成的专门用于轴承冷装的专用工具,其特点在于材料硬度小于轴承,安装过程中不会对轴承造成损伤,与轴承型号配套,一个垫圈适用于一定范围内径的轴承,安装中可以确保只通过轴承内圈受力或者内外圈同时受力来安装,不会使滚动体及保持架承受安装载荷。使用中一定要严格按照轴承的内径来选择合适的垫圈,如果垫圈选择过大会造成外圈首先承载通过滚动体传递到内圈,容易造成轴承滚道的损伤,工具及安装示意图如图 1-5、图 1-6 所示。

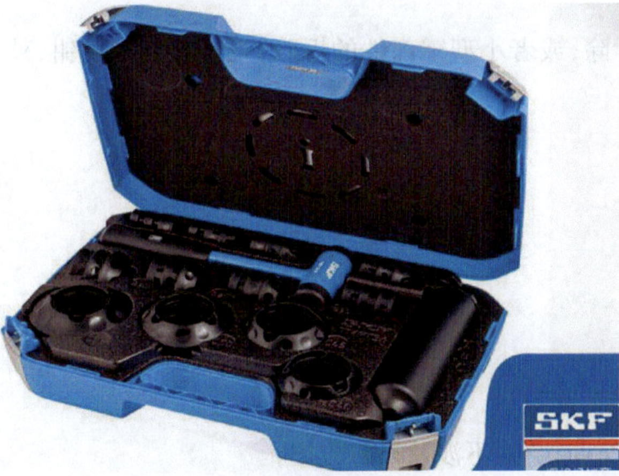

图 1-5　轴承冷装工具套装

图 1-6　轴承冷装示意图

1.3.3 拉马

拉马是轴承拆除的必备工具，分为三爪拉马和盘型拉马如(图 1-7、图 1-8)，其原理都是利用拉马的三个勾爪或者两半盘片将轴承卡紧，然后以轴端部借力利用顶丝或者液压油缸将轴承拔出。三爪拉马和盘型拉马分别适用于小外径轴承和大外径轴承，另外还需要根据轴承过盈量的大小选用合适吨位的液压油缸。

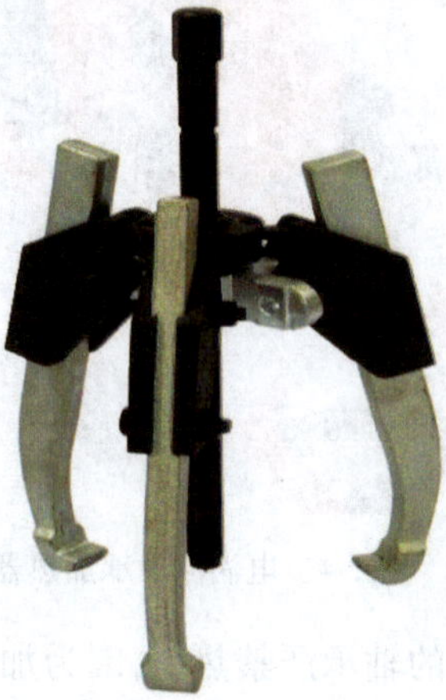

图 1-7 三爪拉马

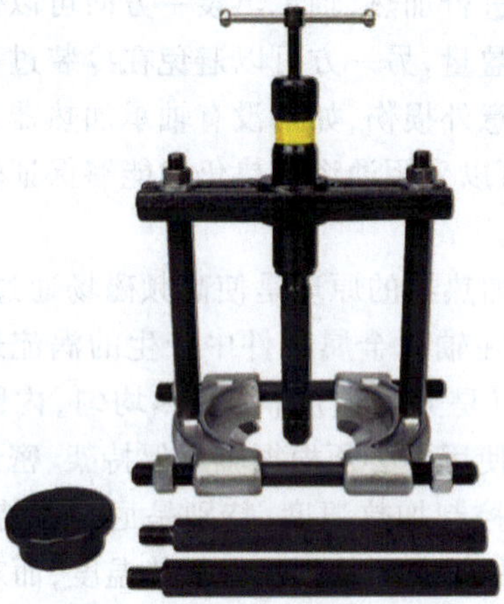

图 1-8 盘型拉马

1.3.4 量具仪表

量具主要用于测量轴径及轴承室的内径，通过测量上述两个参数与轴承的内外径进行比较来确定轴承内圈与轴颈，轴承外圈与轴承室的配合间隙是否满足规程的要求。测量轴承室的内径使用内径千分尺，测量轴径使用外径千分尺，其量程的选择要根据轴承的内外径参数来确定。

1.3.5 其他工具

其他工具主要是用于辅助性的拆除，或者小型零部件的拆除，主要有内卡簧钳，外卡簧钳，敲击螺丝刀，大力钳，铜棒等。

1.4 模拟体准备

一台电动机及配套的轴承。

1.5 辐射防护准备

电机的检修工作主要在 AB 检修车间执行，不涉及辐射防护。

1.6 工业安全准备

1.6.1 火灾

在电机轴承拆除过程中，由于锈蚀或者过盈量大造成轴承内圈与轴发生粘着时，需要较大的拆除力，同时要对轴承进行快速加热，所采用的方法是氧炔焰烘烤加热，所以要申请动火证并布置相应的防火措施，比如阻火布、灭火器等，对于大内径的滚柱轴承因为内外圈分离，一旦出现黏着甚至需要动用切割机进行破坏性拆除。

1.6.2 碎片飞射

轴承拆除中轴承所承受的载荷较大，一旦轴承的外圈出现破碎可能会有金属碎屑飞出，所以操作人员应该佩戴护目镜或者面罩同时要在轴承的侧面进行操作。

1.7 配合人员准备

1.7.1 氧炔焰加热

如果轴承出现粘着采用正常方法无法拆除时，考虑采用加热拆除则需要具备焊工资质的人员配合对轴承进行加热。

1.7.2 机加工

通过测量确认轴承室与轴承外径的配合间隙不符合要求时，需要机加工人员对电机端盖进行处理，以确保轴承与端盖的配合尺寸。

第二章　操作实施

2.1 轴承的拆除

2.1.1　操作过程

轴承的拆除操作过程见表 2-1。

表 2-1　轴承拆除操作过程

序号	操作步骤	操作要求	工器具	测评标准	备注
1	工作准备	必须的工作文件，与轴承型号匹配的专用工具及辅助工具		工具选用正确，文件齐全	
2	操作前检查	对拉马等专用工具的状态进行检查，确认轴端锁紧螺母、键、卡簧已拆除		工具状态完好可用，轴附件拆除	
3	工具安装和调校	根据轴承在轴颈的位置，调整拉马的螺母(盘型拉马的丝杆螺母)适当加力使拉马卡紧轴承并保持在轴端，然后对其进行调整使轴承均匀受力且方向与轴平行	拉马、扳手	轴承受力均匀，拉马顶丝与轴平行	
4	加压拆除	缓慢加压，等待轴承出现首次移动	拉马、扳手	沉闷的响声	
5	彻底拆除	在轴承出现首次移动后，拆除压力会明显减小，然后持续加压进行拆除	拉马、扳手	轴承彻底拆除	

2.1.2　操作中的关键点

1）无论是盘型拉马还是三爪拉马在将拉马等工具安装到轴端的时候，一定要确保轴承受力均匀，丝杆与轴平行，即确保轴承受到的拉力方向与轴平行，否则不但拆除轴承所需的拉力明显增加而且可能将轴颈拉伤；

2）对于大型轴承的拆除过程中，只能使用盘型拉马进行拆除，在拉马安装过程中一定要确保拉马盘的内沿没有与轴发生直接接触，否则会对轴颈造成严重损伤；

3）使用盘型拉马必须要液压油缸进行配合，由于油缸较重必须要通过葫芦将油缸以及其后面的部件吊起，防止受油缸重力影响使轴承承受的拉力方向偏离水平；

4）在加压很多后仍没有发现轴承的首次移动，可以暂停加压然后用铜棒对轴承进行敲击振动，以促进其松动，如果仍无法拉出则需要考虑加热拆除。

2.2　轴承的安装

2.2.1　操作过程(热装)

轴承的安装操作过程见表 2-2。

表 2-2　轴承安装操作过程

序号	操作步骤	操作要求	工器具	测评标准	备注
1	文件、工具、量具准备	必需的工作文件、与轴承型号匹配的工具及量具		文件正确,工具量具型号量程合适	
2	配合尺寸测量	对轴颈及轴承室内径进行测量,并参照规程计算配合公差	内径千分尺,外径千分尺	正确使用量具测量尺寸	
3	轴承检查和确认	检查轴承包装是否破损,拆除包装手盘轴承无卡涩无异音惰转时间长,检查轴承型号尺寸与轴颈配合正确		轴承完好,型号正确	
4	零件回装确认	在轴承加热器前,确认必须先于轴承回装的部件已经安装就位		所有先于轴承安装的部件已经安装	
5	加热	按照轴承的型号及保持架密封盖材质调好加热器温度,将铁芯穿过轴承置于加热器上,并开始加热	轴承加热器	温度设置正确	
6	安装	加热器提示加热完成后,戴隔热手套将轴承以型号标识朝外的方向一次性将轴承安装到位	隔热手套	轴承一次安装到位	

2.2.2　操作中的关键点

1）轴承与轴颈的配合是基孔制与轴承室的配合是基轴制所以在测量发现轴承与轴颈和轴承室的配合不符合要求时只能对轴颈和轴承室进行处理；

2）轴承的加热温度一定要根据轴承的型号和材质确定正确,否则会严重影响轴承的使用寿命；

3）轴承在回装前一定要确保在其之前必须回装的部件已经全部回装到位,否则轴承只要拆除一次就宣告报废；

4）轴承加热后回装时一定要将内圈与轴颈对齐,一次性安装到位,中途一旦有卡涩就无法完成安装,所以事先在轴颈上涂抹一定的润滑脂增加一次安装的成功率。

第三章　操作结束

3.1　工后会

在工作完成后确认检修的设备与检修前状态保持一致，标牌设备外观等检查确认，工作场地清理干净。然后对整个操作过程进行回顾，每一个操作步骤还有没有可以改进的空间，工期是否合理，人员配置、工器具使用有没有异常等。

3.2　学员反馈

针对整个操作过程学员可以谈谈自己对于整个操作的想法，可以从操作程序设置，工具使用，以及其他做得不到位的地方，可以各抒己见，以此来对现场操作进行不断改进和提高。

第四章　经验反馈

1. 事件概述

2012年10月,某承包商在AB车间进行电机解体拆除轴承过程中,因轴承发生锈蚀与轴颈黏着,液压拉马已经对轴承施加了很大的拉力,但是轴承仍未出现首次移动,工作负责人忽略了轴承已经出现变形的实际情况认为拉力仍然不够,于是要求继续加压,结果造成轴承崩毁,断裂的外圈残片飞出数米之外,所幸未造成人员伤害。

2. 经验反馈

轴承拆除中,对轴承施压的同时必须对工具状态,轴承状态保持密切关注,如果轴承内圈已经与轴颈发生了黏着则很难通过拉马正常拆除,即使强行拆除了也会对轴颈造成损伤,在这种情况下随着拉力逐渐增大,拉马和轴承都会出现容易辨识的异常现象,工作负责人必须及时关注这些情况的出现,对拆除工作做出调整。上述事件的根本原因在于工作负责人没有及时发现轴承变形的现象,继续增大拆除拉力所致。

第五章　习　题

5.1　选择题(每题3分,共30分)

1. 轴承的基本功能不是(A)。

A. 润滑　　B. 传递载荷　　C. 定位　　D. 支撑

2. 球轴承与滚道的接触位置是(A)。

A. 点　　B. 线　　C. 面

3. 滚针轴承与圆柱滚子轴承与滚道接触位置都是(B)。

A. 点　　B. 线　　C. 面

4. 角接触球轴承所能承受的轴向载荷与(A)有关。

A. 接触角　　B. 轴承大小　　C. 润滑剂

5. 轴承保持架的作用不包括(B)。

A. 减小摩擦力　　B. 引导滚动体　　C. 提供润滑空间

6. 尼龙保持架的缺点是(A)。

A. 不耐高温　　B. 弹性好

7. 轴承的常规游隙表示为(A)。

A. C0　　B. C2

8. 轴承加热器是利用金属在高频磁场中的(B)作用进行加热。

A. 磁滞　　B. 涡流

9. 轴承冷装工具适用的最大轴承内径是(D)。

A. 100 mm　　B. 200 mm　　C. 155 mm　　D. 55 mm

10. 型号 SKF7328BCBM 的推力轴承,外径 300 mm 最合适的拆除工具是(B)。

A. 三爪拉马　　B. 盘型拉马

5.2　判断题(正确的打√错误的打×,每题2分,共20分)

1. 所有轴承的滚动体数量都是一样的。　(×)
2. 特定轴承没有保持架也可以运行。　(√)
3. 角接触球轴承可以承受轴向力。　(√)
4. SKF6200 型轴承属于推力轴承。　(×)
5. 推力轴承可以同时承受轴向和径向载荷。　(√)
6. SKF6312 型深沟球轴承的内外圈可以分离。　(×)
7. 热安装中所有轴承的加热温度都是不高于 120 度。　(×)

8. 如果存在不对中工况时最好能够使用自调心轴承。 (√)

9. 轴承的游隙可能随温度的升高而出现变化。 (√)

10. 工作游隙越小承载的滚动体数量会减少。 (×)

5.3 计算题(第1题10分,第2题20分,共30分)

1. 轴承型号 SKF 6308-2RZ,请给出轴承类型、密封盖类型、计算轴承内径。

答:轴承类型:深沟球轴承,密封盖类型:双面骨架橡胶非接触密封,轴承内径:40 mm。

2. SKF 6309 轴承,纯径向负荷 $F_r = 10$ kN,转速 3 000 r/min,该型号轴承的基本额定动负荷 $C = 55.3$ kN,当量动负荷 $P = F_r$,请计算 L_{10} 和 L_{10h}。

答:$L_{10} = 169.11$ 百万转,$L_{10h} = 939$ h。

5.4 简答题(每题20分)

给出轴承拆除和安装中需要用到的专用工具。

答:轴承电加热器、轴承冷装器、三爪拉马、盘型拉马。

第四部分　低压三相异步电动机润滑

第一章　操作准备

1.1　原理描述

1.1.1　摩擦及润滑

1. 摩擦

当物体与另一物体沿接触面的切线方向运动或有相对运动的趋势时，在两物体的接触面之间有阻碍它们相对运动的作用力，这种力叫摩擦力。它与接触面本身的性质及垂直于接触面的正压力有关，接触面之间的这种现象或特性叫“摩擦”。摩擦又分为静摩擦、滑动摩擦和滚动摩擦，其中摩擦力最大的是静摩擦力，滑动摩擦力次之，滚动摩擦力最小。摩擦也有好处，比如汽车的刹车、防滑的鞋底、登山等都是利用摩擦力来实现的，但是在生产生活中的很多情况下，摩擦和磨损不是我们想要的，因为摩擦会造成能量损耗、导致发热和磨损，降低零部件的使用寿命，而对于机械设备中所有的摩擦都使设备能耗增加，效率降低。

2. 磨损

磨损是指相互作用的固体表面在相对运动中，接触表面层内材料发生转移和损耗的过程，磨损又有如下这些类型。

1）磨料磨损：由于摩擦表面间硬颗粒或硬凸起使材料产生脱落而形成的磨损；

2）黏着磨损：混合润滑及边界润滑状态下，因固相焊合作用使材料从一个表面脱落或转移到另一表面而形成的磨损；

3）腐蚀磨损：摩擦过程中，因固体界面上的材料与周围介质发生化学反应导致材料损耗而形成的磨损；

4）点蚀磨损：滚动接触过程中引起的表面疲劳；

5）气穴侵蚀：因压力的急剧变化，使气泡在不断的形成与破灭的过程中，对壁面造成侵蚀破坏。

由于各种类型磨损的存在，最终直接造成了设备零部件的失效和损坏。

3. 润滑

把一种具有润滑性能的物质加到机体摩擦面上，达到降低摩擦和减少磨损的手段称为润滑。常用的润滑介质有润滑油和润滑脂。润滑油和润滑脂是一种表面活性物质，它们的分子能够吸附在金属表面，并产生垂直方向的定向排列，从而形成一层牢固的薄薄的油膜，这层薄薄的油膜称为边界油膜。边界油膜一般只有 0.1～0.4 μm，虽然很薄但在一定的条件下，能承受很大的负荷而不致破裂。在两个边界油膜之间的油膜称为流动油膜，完整的油膜是由边界油膜和流动油膜两部分组成（如图 1-1）。这种油膜在外力作用下与摩擦表面结合很牢固，可以将两个摩擦表面完全分开，使机件表面的固体摩擦转化为油膜内部分子之间的液体摩擦，从而减少了机件的摩擦和磨损，达到润滑的目的。

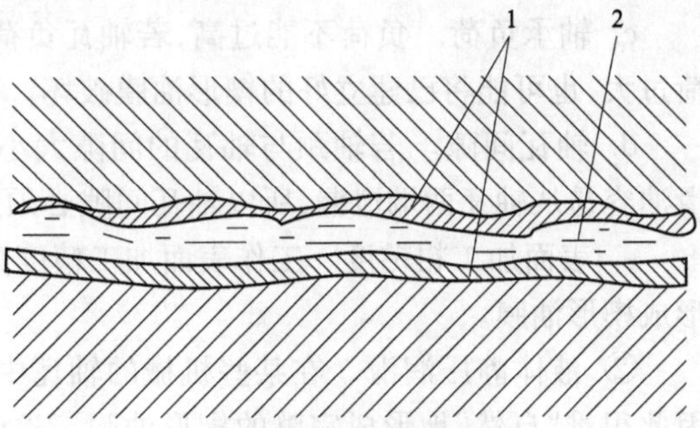

图 1-1　油膜示意图
1—边界油膜；2—流动油膜

(1) 润滑的分类：根据接触面的润滑状态可分为以下几种润滑形式。

1) 边界润滑：一个加工良好的机器零件，沾上滑油后再用布把油揩去，即使擦得非常干净，零件上仍然遗留有一层牢固地吸附在金属表面上的极薄的油膜即边界油膜，它可以承受一定的压力而不破坏。组成边界油膜的是一些具有极性的分子，它们与金属结合很牢固，不像润滑油中的其他分子能随意移动。由于工作条件的限制，靠边界油膜进行的润滑叫做边界润滑；

2) 液体润滑：两运动表面上被一层一定厚度（通常为 1.5～2 μm 以上）的油膜完全隔开，由液膜的压力平衡外载荷，此时两运动表面不直接接触，摩擦只发生在液膜内部，使干摩擦变成液体摩擦。其润滑性能完全取决于液膜流体的黏度而与两表面的材料无关，它的摩擦阻力低、磨损少，可显著延长零件使用寿命。这是一种理想的润滑状态。通常液体润滑可分为液体动压润滑与液体静压润滑两类。

① 液体动压润滑：动压润滑由摩擦表面的几何形状和相对运动，借助液体的动力学作用来实现，如（图 1-2）所示，以轴瓦为例当轴静止时，在自重的作用下，轴颈与轴瓦直接触图 1-2(a)。若轴颈以一定转速回转，借助轴颈与滑油间黏附力的作用（见图 1-2(b)），润滑油从上部较宽进油空间携带到窄狭空间，会产生挤压，使楔形油膜压力骤增。

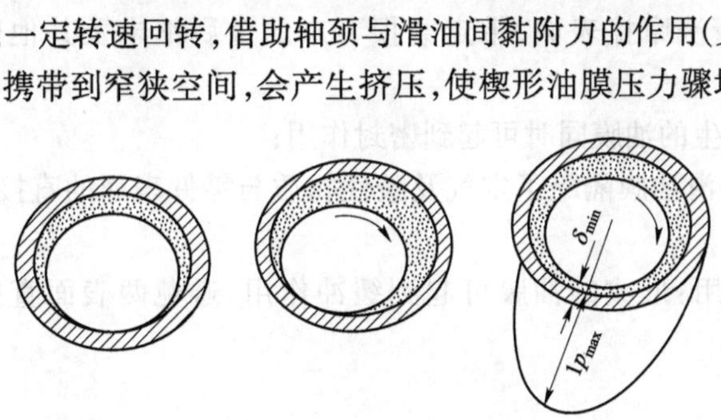

图 1-2　油膜形成示意图
δ—油膜厚度；p—油膜压力

当转速达到某一定值时，楔形空间的油压就会使轴颈稍微抬起，使轴颈与轴瓦之间形成一层完整的润滑油膜，实现液体润滑图 1-2(c)。此油楔的形成与其产生的压力主要与以下因素有关：

a. 摩擦表面的运动状态。转速越高，越容易形成油膜，油膜压力也高。

b. 滑油黏度。黏度过小润滑油不易被轴颈携带，且易从轴承向两端流出，黏度过大，则难以涂布。

c. 轴承负荷。负荷不能过高，若轴瓦负荷过高，楔形油膜压力难以抬起轴颈，冲击性负荷过大，也可能将已建立好的楔形油膜破坏。

d. 轴瓦间隙。若轴颈与轴瓦的间隙太小，滑油不易楔入接触面之间，若间隙过大则润滑油容易从轴瓦两端泄漏，所以轴瓦间隙必须适当。

e. 表面加工粗糙度。工作表面加工精度高，很薄的油膜就能完全隔开两个摩擦面，容易形成楔形油膜。

② 液体静压润滑。在某些机械的轴瓦中，由于转速太低，负荷太高，或者运动不连续，因此很难“自然”地形成完整的楔形油膜。这时可采用液体静压润滑方式，即从外部向摩擦表面供给有一定压力的润滑油，借助润滑油的静压力产生油膜以平衡外载荷。让一个或几个进油孔通至压力区内一定形状的油槽中，用润滑油的静压力形成油膜把轴颈浮起来。

3）混合润滑：摩擦表面上同时存在着液体润滑和边界润滑（称半液体润滑）或存在着干摩擦和边界润（称半干摩擦）都叫混合润滑。

（2）润滑的作用

当一个固体表面在另一个固体表面上滑动或滚动时，其运动必然受到两表面间摩擦力的阻碍，同时产生热量。在无任何润滑条件下的摩擦（干摩擦）必然引起表面严重破坏和擦伤。在轴承中减少滚动体及滚道运动表面之间干摩擦的主要方法是在两表面之间用一层完整油膜隔开，使两表面间的干摩擦变成液体分子间的液体摩擦。通常使用润滑脂或者润滑油作为运动表面的润滑剂。

1）润滑作用：在相互运动表面保持一层油膜以减小摩擦，减小摩擦功耗，提高机械效率；减小机件磨耗量，延长使用寿命，这是润滑油的主要作用；

2）冷却作用：带走两运动表面因摩擦而产生的热量，保证工作表面的适宜温度；

3）清洁作用：清洗摩擦表面，带走磨损下来的金属细末及其他微粒，防止出现磨粒磨损；

4）密封作用：产生的油膜同时可起到密封作用；

5）防腐作用：润滑油膜隔绝了空气及酸性物质与零件表面的直接接触，从而减免它遭受氧化、腐蚀的程度；

6）消振隔声作用：形成的油膜可起到缓冲作用，避免两表面直接接触，减轻振动与噪音。

（3）润滑的方式

润滑的方式有以下三种。

1）油润滑：当滚动轴承在高温、高速条件下工作时，须采用油润滑。当采用油润滑时，润滑油的黏度大小是形成润滑油膜好坏的前提，为使滚道与滚动体接触表面间形成足够厚度的润滑油膜，润滑油黏度应保证在工作温度下不丧失其最低黏度。故在选择润滑油时，其黏度应保证在运行温度下能为轴承提供足够的润滑。一般来说，轴承的转速高时选用低黏度的润滑油，轴承承受的负荷重时则应使用较高黏度的润滑油。根据油润滑时所选用润滑系统结构的不同，油润滑可分为以下几类，油浴润滑、滴油润滑、循环油润滑、喷油润滑、油雾润滑；

2）脂润滑：脂润滑不需要特殊的供油系统，具有密封装置简易、维修费用低以及润滑脂成本较低等优点，在低速、中速、中温运转的轴承中使用很普遍。特别是近年来抗磨添加剂的问世，不断提高脂的润滑性能，使脂润滑得到了更广泛的应用。最常用的润滑脂有钙基润滑脂、锂基润滑脂、铝基润滑脂和二硫化钼润滑脂等。不同的润滑脂在物理机械性能及适应温度等方面存在较大的差异。应根据不同的工况条件选择适当的润滑脂种类以满足其使用要求。一般情况下，轴承在出厂时已内装某种润滑脂，如用户对润滑脂的要求有变化，可与具体的生产厂家直接联系进行针对性的生产。在实际生产中进行润滑脂的选择时，主要应按工作温度、轴承负荷和转速三个方面进行考虑；

3）固体润滑：如果使用油润滑和脂润滑达不到轴承所要求的润滑条件，或无法满足特定的工作条件时，则可以使用固体润滑剂，或设法提高轴承自身的润滑性能。在满足使用条件下，将少量固体润滑剂加入润滑脂中，如加入 3%～5%的 1 号二硫化钼可减少磨损，提高抗压耐热能力，对于高温、高压、高真空、耐腐蚀、抗辐射、极低温等特殊条件，把固体润滑剂加入工程塑料或粉末冶金材料中，可制成具有自润滑性能的轴承零件，如用黏结剂将固体润滑剂黏结在滚道、保持架和滚动体上，形成润滑薄膜，对减少摩擦和磨损有一定效果。

1.1.2　润滑脂

1．润滑脂的构成

（1）基础油

润滑脂的基础油，是矿物油或硅酮油，二酯油等的合成油。润滑脂的润滑性能，主要由基础油的性能所决定。所以在选择润滑脂时，同样也要重视基础油的黏度。一般低黏度基础油的润滑脂适用于低温，高速。高黏度基础油的润滑脂适用于高温，高负荷。但是，润滑脂的增稠剂也关系着润滑性能，因此，不能与润滑油同样处理。

（2）增稠剂

作为增稠剂，除使用各种金属皂之外，还使用皂土等无机质增稠剂。或者，尿素，氟素化合物等的耐热有机质增稠剂。增稠剂的种类和润滑脂的滴点有密切关系。一般，滴点高的润滑脂能够使用的温度上限高。可是，即使是使用了高滴点增稠剂，在基础油耐热性低的情况下，其上限温度会降低。滴点可作为润滑脂使用温度上限的依据，一般滴点高于工作温度 20 ℃以上。润滑脂的耐水性，由增稠剂的耐水性决定。钠皂润滑脂，或含钠皂的混合基润滑脂，因在有水或高温的使用环境下会乳化，所以不适用。

（3）添加剂

润滑脂要根据其需要添加抗氧化剂，防锈剂，高压润滑脂添加剂等。在承受重负荷，冲击负荷条件下使用时，使用加入了高压剂的润滑脂，长期不补加润滑脂的情况下，选择含有抗氧化剂的润滑脂。

2．润滑脂常用指标

（1）黏度

黏度是润滑油（基础油）的黏稠度，反映油品的内摩擦力，是表示油品油性和流动性的一项指标。在未加任何功能添加剂的前提下，黏度越大油膜强度越高油流动性越差(脂的流动性主要取决于锥入度)。黏度分为动力黏度和运动黏度，动力黏度是指使相距单位距离的单位面积液层产生单位流速所需的力，单位为Pa·s是液体内摩擦力的表征。运动黏度即常用的黏度指标，是动力黏度与同温度下该液体密度之比，单位 m^2/s 是流体在重力作用下流动阻力的尺度。合适的黏度是磨擦表面建立油膜的首要条件，黏度大则流动性差，起动瞬间更易磨损，黏度低则润滑不足，也会造成磨损。

(2) 黏度指数

黏度指数表示油品黏度随温度变化而变化的情况。黏度指数越高，表示油品黏度受温度的影响越小，其黏温性能越好，反之越差，应根据所在地区的气温来决定机油的黏度。

(3) 锥入度

是指润滑脂的软硬度(即稠度)的量度，以此来划分润滑脂的级别牌号。

(4) 闪点

闪点：指火源接触油蒸气发生闪火时最低温度。油品的馏分越轻，蒸发性越大，其闪点也越低。反之，油品的馏分越重，蒸发性越小，其闪点也越高。同时，闪点又是表示石油产品着火危险性的指标。油品的危险等级是根据闪点划分的，闪点在 45 ℃以下为易燃品，45 ℃以上为可燃品，一般认为，闪点比使用温度高 20～30 ℃，即可安全使用。

(5) 凝点

凝点是指在规定的冷却条件下油品停止流动的最高温度。润滑油的凝点是表示润滑油低温流动性的一个重要质量指标。对于生产、运输和使用都有重要意义。凝点高的润滑油不能在低温下使用。相反，在气温较高的地区则没有必要使用凝点低的润滑油。一般说来，润滑油的凝点应比使用环境的最低温度低 5～7 ℃。

(6) 滴点

是指润滑脂在规定条件下加热，随温度升高而变软，从脂杯中滴下一滴的温度，以℃表示。

润滑脂温度性能：润滑脂可以使用的温度范围，主要取决于所用的基础油油、稠化剂和添加剂。(图 1-3)以"双交通灯"的示意图方式来表现相关的温度范围。温度的限值即低温极限和高温极限，低温极限(LTL)是润滑脂让轴承能轻易启动的最低温度，主要取决于基础油的类型和黏度。高温极限(HTL)取决于稠化剂的类型及其滴点。低温性能极限(LTPL)高温性能极限(HTPL)是 SKF 给出的润滑脂运行温度参考限制值，只有在这两个限值之内，即(图 1-3)中的绿色区域润滑脂才能可靠地发挥作用，以及可准确地预计润滑间隔和润滑脂寿命。当温度高于高温性能极限(HTPL)时，润滑脂的老化和氧化会迅速加快，而氧化的副产物可能会对润滑剂造成不良的影响。因此，应该尽量缩短润滑脂在黄色区域内工作的时间，最多不超过几个小时。在此给出常用润滑脂的温度性能交通灯指示，(如图 1-4)供参考。

1.1.3 轴承润滑脂的选型(对黏度的选择)

由于润滑脂基础油黏度随温度的增加而降低，所以在选择润滑脂的过程中必须要保证所选润滑脂黏度在轴承运行的整个温度区间内都能得到充分可靠的润滑。首先是从(图 1-5)中根据轴承的平均直径及额定转速确定润滑油的额定黏度。当工作温度根据经验或者其他方式确定时，即可在(图 1-6)中确定国际标准参考温度 40 ℃的相应黏度。

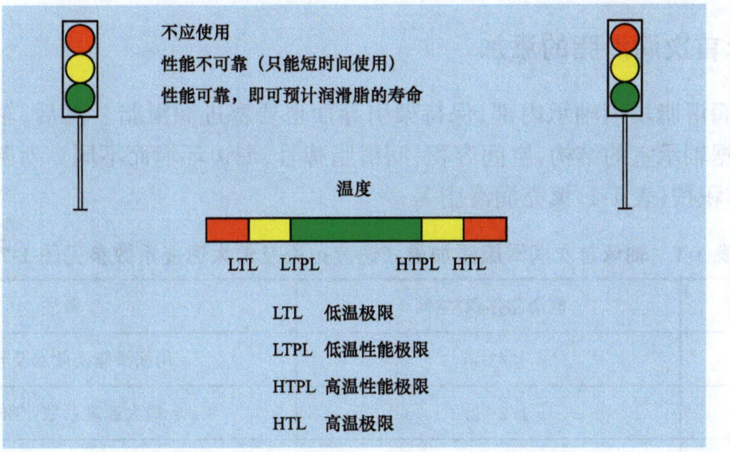

图 1-3　润滑脂交通灯概念图

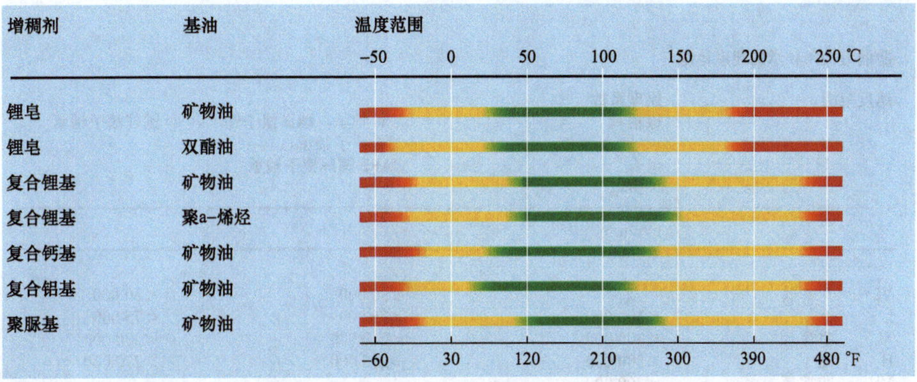

图 1-4　不同基础油润滑脂交通灯指示图

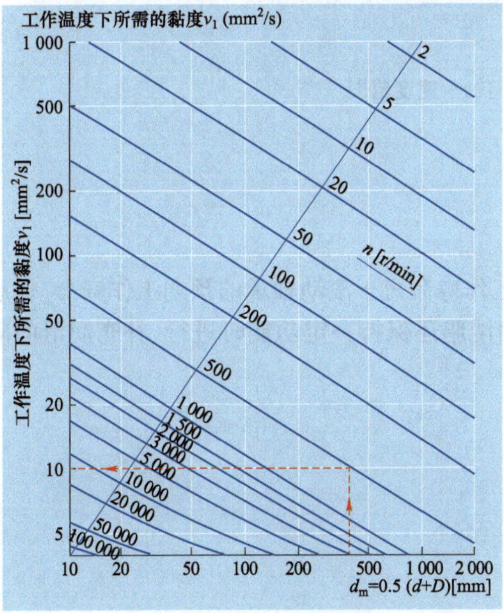

图 1-5　工作温度下的估计最低运动黏度

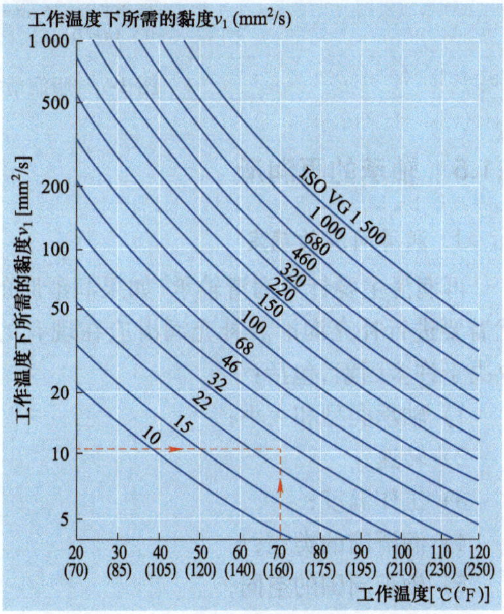

图 1-6　参考温度下所需的运动黏度

1.1.4　轴承首次润滑脂的添加

首先,将润滑脂填满轴承内部,保持架引导面也要塞进润滑脂。然后,轴承室内润滑脂的填充量,根据轴承室的结构,空间容积,润滑脂牌号,周边环境而不同。对除外壳内部的轴之外的空间容积按(表 1-1)填充润滑脂。

表 1-1　轴承首次润滑脂添加量（速度范围及最大速度系数参见图 1-7）

速度范围	润滑脂体积/空间	备注
低速	2/3～1	用润滑脂防此水及异物的
中等	1/2～2/3	最大速度系数 50%以下
高速	1/3～1/2	最大速度系数 50%以上

脂润滑径向轴承的速度范围

速度范围		速度系数 球轴承 $A=nd_m$	滚针轴承、球面滚子轴承、 圆锥滚子轴承、 CARB圆环滚子轴承	圆柱滚子轴承
–		mm/min		
VL	非常低	–	<30 000	<30 000
L	低	<100 000	<75 000	<75 000
M	中等	<300 000	<210 000	<270 000
H	高	<500 000	⩾210 000	⩾270 000
VH	非常高	<700 000	–	–
EH	极高	⩾700 000	–	–

n =转速(r/min)
d_m=轴承平均直径 (mm)
=0.5 $(d+D)$

图 1-7　脂润滑径向轴承速度范围

1.1.5　轴承的再润滑

1. 润滑间隔的确定

再润滑主要针对润滑轴承,如果润滑脂的工作寿命短于滚动轴承的预期工作寿命,轴承就需要进行补充润滑。补充润滑应在现有的润滑脂还保持一定功能时进行,补充润滑间隔取决于许多因素,包括:

1）轴承类型和大小;
2）转速;
3）工作温度;
4）润滑脂的类型;
5）轴承周围的空同;
6）轴承工作环境。

补充润滑只能基于统计学上提出建议。补充润滑间隔时间定义为:在这段时间内,不少于 99%的轴承仍然有充分和可靠的润滑,结合实际应用的经验和试验数据以及参考补充润滑间隔来定出更可靠的间隔时间。安装在水平轴上且为内圈转动的轴承,在正常和清洁条件下的补充润滑间隔 t_f 是以下相关变量的函数:

$$t_f = A \times b_f$$

式中:b_f=取决于轴承类型和载荷条件的系数(表 1-2);

速度系数 $A = n^* d_m$,n=转速(r/min),d_m 轴承的平均直径,mm。

负荷比 C/P,C:轴承基本额定动负荷,kN;P:当量动负荷,kN。

在得到上述相关参数后可以通过(图 1-8)估算出润滑间隔,t_f 计算的时间是可以正常工作的小时数,适用于轴承温度 70 ℃,且使用优质润滑脂的情况。

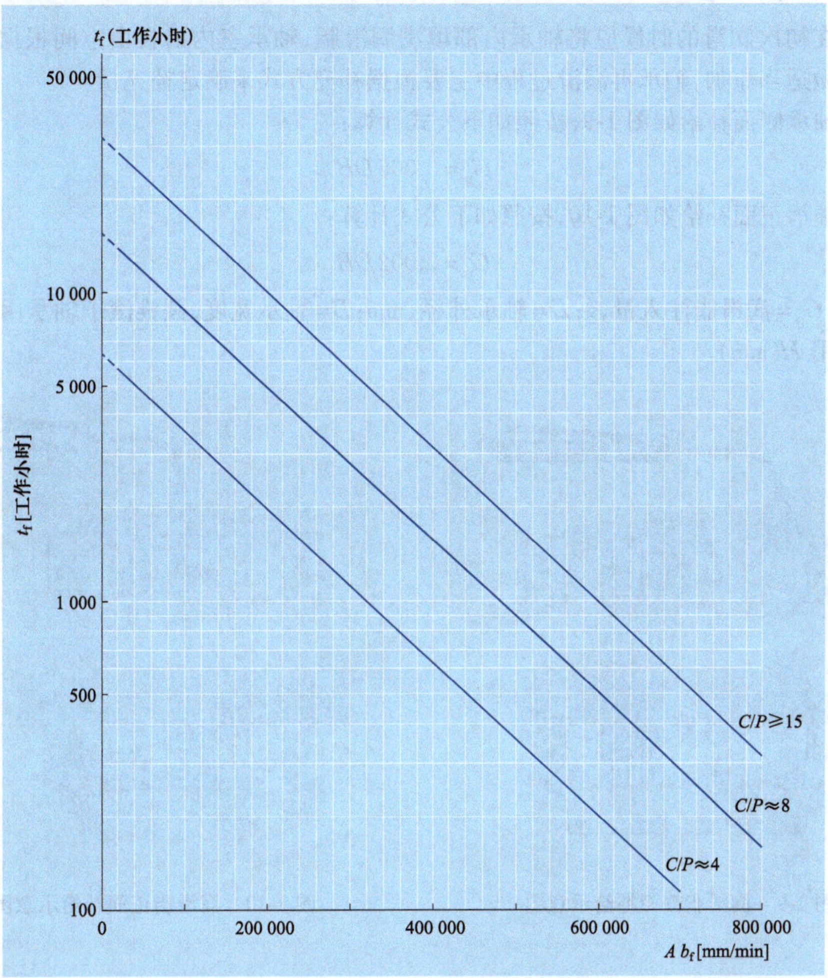

图 1-8　工作温度 70 ℃时的补充润滑间隔

因随着温度的升高润滑脂将加速老化,因此在工作温度高于 70 ℃时,建议每升高 15 ℃加油间隔减半,但是不能超过润滑脂的高温性能极限。另外还需根据垂直轴、振动、外圈转动、污染、转速、载荷等工况对加油间隔进行调整。

表 1-2 轴承系数

轴承类型		轴承系数 b_f	备注
深沟球轴承		1	无
圆柱滚子中轴承	浮动端	1.5	无
	固定端	2	无轴向载荷
		4	较轻恒定轴向载荷
推力轴承		2	无
圆柱滚子推力轴承		10	无

2. 润滑脂添加量

轴承在初次润滑的时候应将轴承内部填满润滑脂，轴承室内的自由空间根据轴承的转速等工况做适当添加，轴承再润滑过程中主要根据补充方式来确定补充量。

通过轴承侧面补给如图 1-9，按照如下公式计算：

$$G_p = 0.005DB$$

通过轴承正面补给如图 1-10，按照如下公式计算：

$$G_p = 0.002DB$$

式中：G_p = 润滑脂注入量，g；D = 轴承外径，mm；B = 轴承宽度，圆锥滚子轴承用 T(mm)，推力轴承用 H(mm)。

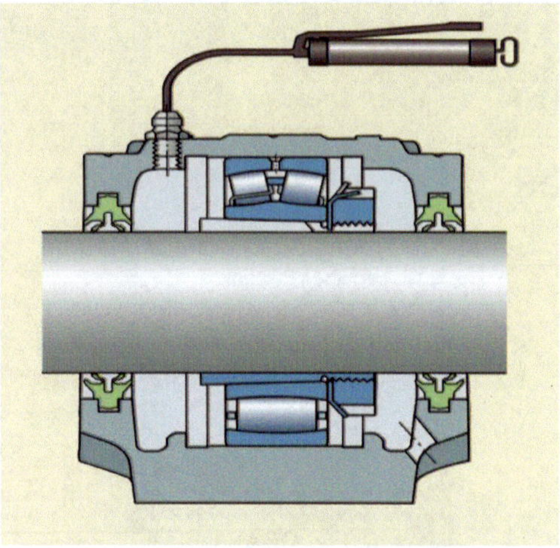

图 1-9 润滑脂侧面补给示意图

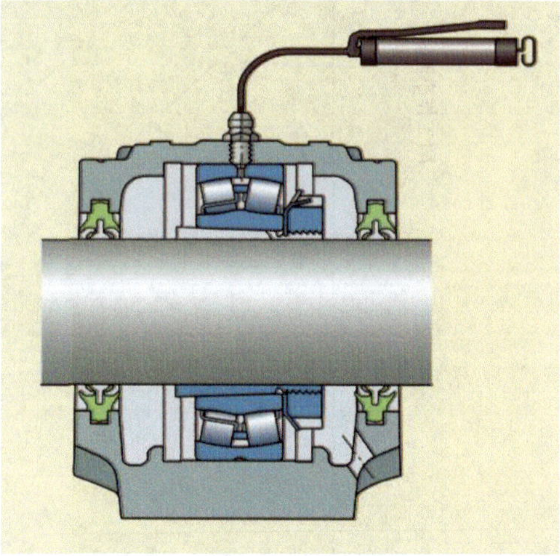

图 1-10 润滑脂正面补给示意图

1.2 文件准备

轴承的初次润滑主要在电机的解体大修中进行，再润滑在日常的定期加油中执行，这里仅对电机解体中的轴承初次润滑进行操作，所以应按照电机解体的工作进行文件准备，包括工前会、工后会、工作指令单、质量计划、规程、工作票。

1.3　工器具准备

轴承加油所需工具如下。

序号	名称	规格型号	数量
1	乳胶手套		2
2	白布		若干
3	润滑脂	同原型号油脂	若干

1.4　模拟体准备

电机、润滑脂、轴承。

1.5　辐射防护准备

无(实际工作现场无辐射防护要求)。

1.6　工业安全准备

按照工业安全规定执行,所有人员穿戴劳动保护用品。所有人员必须佩戴安全帽、防砸鞋、工作服、手套等。检修场地使用警示带进行围栏。

1.7　配合人员准备

无。

1.8　场地准备

现场铺设检修垫用于摆放工器具,铺设橡胶板用于放置拆卸部件;清理场地确保检修场地无其他异物,合理分配场地,确保工具设备的合理分布,方便检修。

第二章 操作实施

1. 操作过程

向轴承添加润滑脂的操作过程见表 2-1。

表 2-1 向轴承添加润滑脂的操作过程

序号	操作步骤	操作要求	工器具	测评标准	备注
1	油脂检查	检查油脂外包装状态、油脂颜色、形态、有效期	无	油脂在有效期内,包装无破损,油脂颜色正常无杂质	
2	油脂型号确认	与所选型号或者原型号对照	无	新装润滑脂黏度符合所选型号,后装润滑脂与原型号相同	
3	轴承的油脂填充	从轴承内侧向外侧挤填充	乳胶手套	轴承内部空间填满,其他部位不得接触润滑脂	
4	多余油脂清理	刮除轴承两端面多余的油脂	乳胶手套	油脂与轴承端面平齐	
5	轴承室润滑脂填充量确认	对照轴承室油脂添加比例	乳胶手套	符合根据轴承速度等级计算的轴承室添加比例	
6	轴承室填加润滑脂	向轴承室填加润滑脂	乳胶手套	比例符合计算要求	

2. 操作中的关键点

1）油脂注入前的确认工作非常重要,其中包括油脂的型号是否正确,油脂的颜色、性状、有效期等是否合格等,一旦油脂加入后发现型号不符合或者已经过期就需要对整个轴承进行清洗,给油脂添加工作带来更多的不确定性;

2）热装的轴承必须要在轴承彻底冷却到常温后才可以加入润滑脂,否则加入的润滑脂可能因为温度高而流失;

3）油脂添加之前,轴承间隙、轴承室内部必须保证清洁,没有任何杂物,特别是金属类的杂质必须严格杜绝,轴承间隙内一旦进入金属类较高硬度的杂质将严重影响轴承寿命。油脂添加后是最后一次确保油脂清洁的检查机会,一定要仔细确认油脂表面没有沾污;

4）轴承室内的油脂量是根据轴承的速度等级来确定,对于高速轴承需要特别小心,宁可少适当减少但是坚决不能多于计算所得的比例,否则轴承在运行中很容易出现高温;

5）绕组绝缘层在接触到润滑脂后可能会加速绝缘的老化速度,所以应尽量避免。

第三章 操作结束

3.1 工作回顾

操作完成后学员可以对整个操作过程进行分析和反馈，寻找不足并进行改正，因为油脂添加工作只能就油脂型号添加量进行确认，至于以这样的量添加油脂后轴承的运行状态如何只能在后续的再鉴定和运行中进行论证，根据轴承的实际运行情况对油脂的添加量进行调整。

3.2 评判

学员对检修过程进行阐述，并说明其中的关键点以及注意事项。教员对学员的陈述简要记录，根据阐述评判学员的掌握情况。

第四章　经验反馈

油脂变质结块

某厂 403 大修期间，在对 4SRI201MO 解体时，电机在隔离后不久就发现转子无法盘动，在将电机解体后发现电机驱动端轴承内的油脂已经完全失效，基础油已经流失殆尽，仅剩下固态的皂化剂骨架，而且油脂的颜色泛绿怀疑油脂遭到污染，造成了轴承铜质保持架氧化（见图 4-1）。

图 4-1　4SRI201MO 驱动端轴承

润滑脂在使用过程中必须要保证其清洁度，一旦遭到污染与油脂本身的成分发生化学反应即会造成润滑脂性能的改变，在轴承运行中因载荷的增加、温度的变化会进一步加速润滑脂的失效。

第五章 习 题

5.1 选择题(每题 3 分,共 30 分)

1. 在油脂选型中使用的黏度指标是(B)。

A. 动力黏度　　B. 运动黏度

2. 动力黏度表征的是(B)。

A. 流体内摩擦力大小　　B. 流体在重力作用下流动性大小

3. 滚针轴承与圆柱滚子轴承与滚道接触位置都是(B)。

A. 点　　B. 线　　C. 面

4. 下列摩擦类型中阻力最小的是(B)。

A. 静摩擦　　B. 滚动摩擦　　C. 滑动摩擦

5. 静压润滑适用于(B)。

A. 低速轻载　　B. 低速重载　　C. 高速重载

6. 基础油黏度的高低决定润滑脂的(A)。

A. 油膜强度　　B. 化学稳定性　　C. 机械稳定性

7. 随温度的升高,润滑油黏度(B)。

A. 升高　　B. 减低　　C. 不变

8. 以下哪些属于润滑脂的作用(D)。

A. 冷却　　B. 清洁　　C. 密封　　D. ABC

9. 油脂的选型中,与下面哪个参数无关(A)。

A. 电机功率　　B. 工作温度　　C. 轴承平均直径　　D. 转速

10. 润滑脂的主要组成成分(D)。

A. 皂化剂　　B. 基础油　　C. 添加剂　　D. 以上全部

5.2 判断题(正确的打√错误的打×,每题 1 分,共 10 分)

1. 基础油黏度越高越好。 (×)
2. 静压润滑需要额外的辅助设备建立油压。 (√)
3. 润滑脂的稠度主要油皂化剂来决定。 (√)
4. 润滑油的黏度不会随温度变化。 (×)
5. 再润滑间隔时间越短越好。 (×)
6. 高速轴承在首次润滑时,应该将轴承室填满。 (×)
7. 轴承再润滑中的油脂添加量与注油方式无关。 (×)
8. 润滑脂具有密封作用。 (√)

9. 轴承可以在润滑脂交通灯指示的黄区内长期运行。 (×)

10. 润滑油的黏度越高流动性越好。 (×)

5.3　计算题(每题 20 分,共 60 分)

1. 轴承型号 SKF 6308-2RZ,外径 90 mm,运行转速 3 000 r/min,运行温度 40 ℃,请确定该轴承应使用润滑脂的黏度。

答:所选润滑脂黏度不低于 10 mm^2/s。

2. SKF 6318 轴承,D= 190 mm,bf = 1,n= 3 000 r/min,P= 37.7 kN 计算该轴承的润滑间隔。

答:约 420 h。

3. SKF 6017 轴承,D= 130 mm,B= 22 mm,侧面注油方式,请计算补充润滑注油量。

答:14.3 g。